★ 沃顿商学院经典系列 ★

# 超常规思维

## 如何做出更明智的决策

杰里·约拉姆·温德
Jerry Yoram Wind

[美] 科林·克鲁克  著
Colin Crook

罗伯特·冈瑟
Robert Gunther

曾月清 译

人民邮电出版社
北京

#### 图书在版编目（CIP）数据

超常规思维：如何做出更明智的决策 /（美）杰里·约拉姆·温德（Jerry Yoram Wind），（美）科林·克鲁克（Colin Crook），（美）罗伯特·冈瑟（Robert Gunther）著；曾月清译. — 北京：人民邮电出版社，2022.1（2023.4重印）
（沃顿商学院经典系列）
ISBN 978-7-115-56391-0

Ⅰ．①超… Ⅱ．①杰… ②科… ③罗… ④曾… Ⅲ．①思维方法 Ⅳ．①B804

中国版本图书馆CIP数据核字(2021)第084804号

#### 版权声明

Authorized translation from the English language edition, entitled THE POWER OF IMPOSSIBLE THINKING:TRANSFORM THE BUSINESS OF YOUR LIFE AND THE LIFE OF YOUR BUSINESS, 1st Edition by WIND, YORAM (JERRY) R.; CROOK, COLIN; GUNTHER, ROBERT E., published by Pearson Education, Inc, Copyright © 2005 by Pearson Education, Inc. All rights reserved. No part of this book may be reproduced or transmitted in any form or by any means, electronic or mechanical, including photocopying, recording or by any information storage retrieval system, without permission from Pearson Education, Inc.

CHINESE SIMPLIFIED language edition published by POSTS AND TELECOM PRESS CO., LTD., Copyright ©2022.

本书中文简体字版由 Pearson Education（培生教育出版集团）授权人民邮电出版社有限公司在中华人民共和国境内（不包括香港、澳门特别行政区及台湾地区）独家出版发行。未经出版者许可，不得以任何方式抄袭、复制或节录本书中的任何部分。

本书封底贴有 Pearson Education（培生教育出版集团）激光防伪标签。无标签者不得销售。

#### 内容提要

我们会成为什么样的人，本质上都是由我们的心智模式决定的。因此，认识到心智模式的力量与局限，保持心智模式与时俱进尤为重要。本书强调心智模式的转变，以帮助人们用不同寻常的思维方式思考，并跨越障碍，实现在个人生活、事业和社会中的转变。

◆ 著　　[美] 杰里·约拉姆·温德（Jerry Yoram Wind）
　　　　[美] 科林·克鲁克（Colin Crook）
　　　　[美] 罗伯特·冈瑟（Robert Gunther）
　译　　曾月清
　责任编辑　马　霞
　责任印制　彭志环

◆ 人民邮电出版社出版发行　北京市丰台区成寿寺路11号
邮编　100164　电子邮件　315@ptpress.com.cn
网址　https://www.ptpress.com.cn
北京天字星印刷厂印刷

◆ 开本：720×960　1/16
印张：16.75　　　　　　　　　　2022年1月第1版
字数：248千字　　　　　　　　　2023年4月北京第3次印刷
著作权合同登记号　图字：01-2019-3968号

定价：79.80元
读者服务热线：(010)81055296　印装质量热线：(010)81055316
反盗版热线：(010)81055315
广告经营许可证：京东市监广登字20170147号

# 序

因为在清华大学经济管理学院任教的原因,各家出版社经常会寄商业类样书给我,并邀请我为新书写序。然而,因为时间关系,我很少为书写序,写的话通常也只写几句推荐语。这一次,我却欣然应邀为《创新定价:世界知名企业的最大化盈利法则》《持续增长:企业极速扩张策略与成功经营法则》《超常规思维:如何做出更明智的决策》《习惯:捕捉95%的惯性思维,让用户对你的产品上瘾》这一沃顿商学院经典系列丛书写序,原因只有一个:我打心里希望,这套来自沃顿商学院的优秀课程和作品能够惠泽更多中国人,特别是中国的企业家、创业者和职场人。

沃顿商学院无疑是全球最著名的商学院之一。沃顿商学院是美国第一所大学商学院,创立于1881年,比哈佛商学院还早27年。自1881年创建之后,沃顿商学院创造了许多商学院历史上的第一:1881－1910年,沃顿商学院出版了第一本商业教科书;1921年,沃顿商学院设立了全球第一个MBA学位……甚至,由于沃顿商学院名声太大,很多中国人只知道沃顿商学院而不太熟悉其所在的大学——宾夕法尼亚大学(美国常春藤八大名校之一)。

因此,当接到人民邮电出版社为这套丛书写序的邀请时,我毫不犹豫地答应了。因为,今天的中国太需要沃顿商学院的优秀课程和著作了。更不用说,我和沃顿商学院有很多的合作,心里对沃顿商学院也有诸多感恩:2000年,我去哥伦比亚大学商学院市场营销系攻读博士,当时就受到了哥大营销系唯一华人教授张忠老师的诸多关照，后来张忠教授离开哥大商学院并去沃顿商学院任教；2013年，我的畅销书《理性的非理性》出版时获得了时任沃顿商学院院长的汤姆斯·罗伯森（Thomas S. Robertson）教授、时任美国营销协会（AMA）主席的沃顿商学院讲席教授大卫·瑞伯斯坦（David J. Reibstein）的大力推荐；最近几年，我也多次应沃顿商学院教授、宾大沃顿中国中心主任张忠老师的邀请，在他的课堂上和宾大沃顿中国中心发表演讲……

优秀的教育和书籍对每个人的成长至关重要。我自己就是一个"教育改变命运"的受益者。出生于福建农村的我，10岁之前由于在乡下小学读书，连普通话都不会说。后来，因为母亲的工作被从乡镇调到县城图书馆，我才能转学到城里读书，并开始有机会大量阅读各种图书。也正因此，我才从一个玩泥巴的小孩，慢慢变成一个爱学习爱读书的孩子，并在后来如愿考入全县最好的中学，考入清华大学和哥伦比亚大学。正因为有了这番经历，回到清华任教之后，我一直致力于传播优秀的商业智慧，希望能够用所学帮助到更多的人，每年都在清华为上千名企业家和企业高管授课。

然而，传统的顶级商学院教育，由于学费高昂，门槛极高，只能惠及少数人，大多数人仍然缺乏获得优质教育的机会。正是在这种背景下，在"教育改变命运，我们改变教育"的理想下，2015年，我讲授了一门线上慕课"营销：人人都需要的一门课"，让人意外的是，这门课获得了超过1000万人次收听的惊喜成绩，最后还获得了由教育部颁发的"国家精品在线开放课程""国家级一流本科课程"等荣誉。最近，我也开始在微信视频号以及抖音等短视频平台进一步传播市场营销等商业知识，受到许多中小企业家和职场人士的欢迎。

当代中国，创业大潮正如火如荼展开，社会对商业知识和智慧的需求也正在急剧扩大。今天，即将出版的《创新定价》《持续增长》《超常规思维》《习惯》这一沃顿商学院经典系列丛书无疑是商业知识和智慧中的明珠。这些书都源于沃顿商学院教授的研究和最受学生欢迎的一些课程，书的作者也都是沃顿商学院的资深教授或业界专家。我相信，这套丛书不仅会带给中国读者优秀的商业知识和智慧，更会将看起来遥不可及的顶级商学院教育带给成千上万的读者。而这，也正是人民邮电出版社和我本人一直努力的共同目标。

郑毓煌　博士

清华大学营销学博导

世界营销名人堂首位中国区评委

2021 年 10 月 18 日于清华园

# 推 荐 语

这是一本重要的书,它让我们理解了我们是如何进行思考的。作者对心智模式的各个维度进行了全面、新鲜和扣人心弦的探索。所有希望在行动中更有效率的领导者都可以很好地利用本书中的原则来学习如何思考和理解周围的世界。

尼克·普达尔(Nick Pudar)
通用汽车公司战略计划总监

这是一部非常伟大的作品。它让我们"沉浸在洞察力的过程中"。考虑到我们在当今世界面临的(工作和个人的)迅速变化,它对任何有远见的人的知识库来说都是一个很有价值的补充。

艾伦·科索克斯(J.Allen Kosowksy),注册会计师
On2 科技公司法务会计师兼董事

这本书写得很好,一定会吸引每个愿意用新视角来看待商业世界的有识之士的注意。《超常规思维 如何做出更明智的决策》这本书既及时又有趣。

凯西·莱文森(KathyLevinson),博士
《60 秒通勤》(*The 60-Second Commute*)的作者

固执的管理者喜欢认为他们看到的是世界真实的面目。温德（Wind）和克鲁克（Crook）通过最近的神经科学研究发现，无论我们是否固执，我们谁也看不到世界的真实面目。我们所感知的"世界"在我们头脑里和在外面都一样。意识到这一点，并就如何看待事物做出选择，我们就能成为更有效率的管理者。

罗布·奥斯汀（Rob Austin），博士<br>哈佛商学院教授，《巧妙的制作》（Artful Making）一书的合著者

虽然我们大多数人可能会意识到，我们更多是在我们的头脑中，而不是在任何物理现实中对世界做出反应，但是我们往往不知道为什么会这样。这本非常重要的书清楚地解释了我们的心智模式是如何通过工作来构建这些截然不同的内心世界的。更重要的是，本书为我们提供了有效的建议，告诉我们如何利用这些知识为我们工作，为我们自己、企业和社会创造一个更好的外部世界，而不是与我们作对。

查尔斯·曼茨（Charles C. Manz）<br>《超级领导力》（Super Leadership）、《适合领导》（Fitto Lead）和<br>《暂时的理智》（Temporary Sanity）的作者

当今我们的生活节奏非常快。因此，人类古老的模式识别技能对我们的健康和幸福来说比历史上任何时候都更加重要。《超常规思维 如何做出更明智的决策》是一本很好的指南，可以帮助你理解你认识到的模式，并且至关重要的是，帮助你知道那些模式什么时候对你管用，什么时候不管用，以及你能为此做些什么。

道格拉斯·史密斯（Douglas K. Smith）<br>《团队的智慧》（The Wisdom of Teams）的合著者，《论价值与价值观》<br>（On Value and Values）的作者

我一直在试图解释为什么国家陷入了困境，甚至连最简单的问题都解决不了。我们可以称之为创新者困境，但是这并不能解决问题。这本书建议我们必须不时地回归基础，重新审视我们潜在的"心智模式"，只有这样，我们才能构建一个新的模式，也可能是各种各样的新模式，然后继续探索新的领域。

大前研一（Ohmae Kenichi）
《无国界世界》（*The Borderless World*）的作者

杰里·温德（Jerry Wind）和科林·克鲁克（Colin Crook）给我们传达了一个最有力的信息，那就是如何应对当前不断变化的世界。他们说，观点就是"监狱"。要想在即将到来的环境中茁壮成长，唯一的方法就是培养一种能力，在新模式和新关系出现时（或出现前）感知它们——否则你就会被困在过去。这本书可以把你从"监狱"里救出来。

约翰·彼得森（John L. Petersen）
阿灵顿研究所（Arlington Institute）所长、创始人，《出乎意料：如何预测未知和其他大惊喜》（*Out of the Blue：How to Anticipate Wild Cards and Other Big Surprises*）的作者

这本书是管理者大脑的一个健康水疗中心。糟糕的心智模式会毁掉你的声誉、你的企业或你的团队，甚至更多。有多少次我们因为个人偏见而忽视了市场的变化？多亏了温德和克鲁克，我们对"理解"有了全新的、深刻的理解，这有助于全球领导者掌握做出成功领导行为所需的模式。

凯茜·格林伯格（Cathy L. Greenberg），博士
德雷克塞尔大学勒博商学院战略领导力研究所执行主任

每个人都对改变思维定式、改变态度和转变范式的劝告非常熟悉。但是口号不是解决办法，言语不是行动。我们缺少的是一本"如何做"的书。温

德和克鲁克用一本非凡的著作，出色地填补了这一需求的鸿沟，这本书彻底改变了企业、个人生活和社会。

> 黄业仁博士（Dr.Y Y Wong）
> 威威集团公司董事长兼创始人

温德和克鲁克写了一本很棒的书，可以教你如何在个人和商业环境中更有效地思考。读一读，学一学！

> 德雷·齐加尔米（Drea Zigarmi）
> 《内心的领导者：充分了解自己才能领导他人》（The Leader Inside: Learning Enough About Yourself To Lead Others）的作者以及《领导力和一分钟经理》（Leadership and the One Minute Manager）的合著者

我们喜欢说"用你心灵的眼睛去看"。温德和克鲁克告诉我们，我们的心灵就是我们的眼睛。我们所想的就是我们所看到的，我们所看到的指导我们如何行动。他们不仅阐明了这一范式，而且还提供了切实可行的方法来改变我们的思维，从而改变我们的行动和我们得到的结果，其价值是难以超越的。

> 斯图尔特·布莱克（J.Stewart Black）博士
> 《引领战略变革》（Leading Strategic Change）的合著者和密歇根大学商学院教授

这是一本非常重要的书。它解决的是真正的基本问题——对实践者和学者都是如此。这涉及如何理解现实世界中的各种复杂事件，以及如何对这些事件保持开放的心态。我们经常成为固定习惯和行为的"囚徒"，因此变得越来越没有效率。这本书以令人信服的方式指出了摆脱这种困境的方法。这里的关键在于正确地专注于人类思维中最优事物的模式。这些可以帮助我们理解范式的转变、保持与时俱进和保持动力。从不同的角度看待事物变得至关重要。这本书在这方面做出了开创性的贡献。它为此提供了一个强有力的、严谨的且实用的概念基础！这本书对执行的重视程度也给我留下了深刻的印象，它既阐述了如何制订改变个人世界的计划，也指出了如何能够迅速而自然地按照这本书的方法采取行动。总而言之，我发现这本书是真正的开创性著作，具有强有力的概念基础、令人信服的实证检验结果和切合实际的执行重点。这本书对从业者和学者来说都是必读之作。

彼得·洛朗热博士（Dr.h.c. Peter Lorange）

瑞士洛桑国际管理发展学院院长

从亨利·福特（Henry Ford）的流水线，到政治家的思想，再到今天的生物技术企业家所做的贡献，都证明了超常规思维的力量。通过挑战现状，我父亲把一本新兴杂志变成了世界上最成功的商业出版物之一。几乎在人类做出努力的每一个领域，超常规思维都是成功先驱的标志之一。在这本书中，杰里·温德和科林·克鲁克阐述了这些开路先锋凭直觉掌握的一些原则。如果你在工作或生活中被狭隘的思想束缚，这本书将会打开你的思维。它能帮助你看到和去做比你想的要多得多的东西。

史蒂夫·福布斯（Steve Forbes）

福布斯公司总裁兼首席执行官、《福布斯》杂志（*Forbes*）主编

雅诗兰黛公司是通过挑战化妆品行业的现状思维建立起来的，包括使用样品、多品牌、全球化和其他许多创新。一次又一次，当人们说我们做不到的时候，我们都成功了。在《超常规思维 如何做出更明智的决策》中，温德和克鲁克展示了如何通过挑战自己的思维，认识到隐藏在我们周围的机会并采取行动。作为普伦蒂斯·霍尔出版社首批出版书籍之一，该书展示了这一新出版计划的创造力和影响力。如果你想改变你的思维、你的工作和你的生活，那就读读这本书。

伦纳德·劳德（Leonard Lauder）

雅诗兰黛公司前董事长

作者在研究心智模式的力量和局限以及如何在未来复杂的世界中更好地完成变革方面……这本书提供了一份路线图，其中包含了一组真实的原则，可以帮助我们在艰难的转型时期做出抉择……我将把这本书放在我的"必读"书单的首位，推荐给那些身处变革管理和完成使命的第一线的人。

肯·米尼汉（Ken Minihan）
美国空军退役中将

这本书探讨了管理的一些核心问题：你如何理解你的处境？你如何探索不同的现实？你的心智模式是什么？了解这些问题对我们每个人都至关重要，对决定我们职业和个人生活的关键决策也至关重要。杰里·温德和科林·克鲁克提供了一个大家迫切需要的以结构化方式来探索这些问题的流程。

约翰·里德（John S. Reed）
纽约证券交易所前主席、花旗集团前董事长兼首席执行官你在进行必要的转变时遇到困难了吗?

你在事业上陷入困境了吗?

你的企业发展停滞不前吗?

你在创新方面落后于竞争对手吗?

你在饮食和运动计划方面遇到困难了吗?

你被信息淹没了吗?

那你可能需要转变心智模式了。转变你的心智模式可以帮助你进行超常规思考,克服在生活、工作和社会中阻碍你做出改变的障碍。本书会告诉你怎么做。

**快到午夜了。**

你正在一条漆黑的城市街道上,向停在几个街区外的汽车走去,这时你听到身后有脚步声。你没有转身,但你加快了步伐。你还记得几周前的一则新闻,说的是附近发生了一起持刀抢劫案。你又加快了步伐。但你身后的步伐也变快了。

那个人快要追上你了。

在街区尽头的路灯下,那个人已经追上你了。你突然转身。你认出了那张熟悉的脸,他是你的同事,也在朝同一个停车场走去。你松了一口气,打了个招呼,和他一起继续前进。

**刚刚发生了什么？**

现实情况根本没有改变，但当你认出你同事的脸时，你脑海中的世界就完全改变了。袭击者的形象变成了朋友的形象。为什么情况变化如此之小，而你的看法却发生了如此之大的变化呢？

首先，你只基于一小部分信息（夜晚你身后的脚步声）就建立了一幅正在发生的事情的完整画面。仅凭此线索，你回忆起来一则犯罪新闻，再加上你个人的恐惧和经历，你想象出一个潜在的袭击者的形象。你根据自己对情况的评估改变了行动，走得更快以躲避袭击者。这可能是一种伟大的求生本能，但是在这种情况下，你是在逃离一个根本不存在的袭击者。

然后，同样迅速地，在路灯下的一瞬间，你获得了更多的信息，导致脑海中的整个画面发生了变化。在一瞬间，同样是基于模糊的线索，你认出了同事的脸。你没有花时间去观察或深入思考，在这种情况下可能还有其他可能性。这个人会不会是戴着面具看起来像你同事的袭击者？你的同事会不会是袭击者？这些可能性太小，所以你并没有考虑过，而当你仔细考虑这些可能性时，你可能已经死了。你看到了他的脸，那个人迅速从"敌人"变成了"朋友"。

这场戏只有一小部分是在人行道上发生的。其余大部分都是你自己想象出来的。

在与大型跨国公司的领导一起实施转型计划时，我们得到了一个具有深远影响的简单教训：要改变世界，首先必须要改变自己的思维。神经科学研究表明，大脑会丢弃接收到的大部分感官刺激。你所见的就是你所想的。从不同的角度看待世界的能力可以给你带来重大机遇，西南航空（Southwest Airlines）、联邦快递（FedEx）、嘉信理财（Charles Schwab）等公司已经证明了这一点。但即使是成功的模式，如果它们限制了你对不断变化的世界的理解能力，这些模式最终也可能会成为一座"监狱"，就像大型航空公司未能充分认识到瑞安航空（Ryanair）等新兴航空公司的威胁，或者像音乐公司那样，陷入销售唱片的思维定式，未能看到音乐文件共享的机会和威胁。

从推动企业发展到改善个人健康和健身，再到应对国际形势变化，你的心智模式将影响你在生活中各个方面的反应。如何才能更好、更有效地识别和使用心智模式？本书提供了具体的方法和策略来帮助你理解心智模式的作用，以及帮助你转变心智模式，从而改变企业和世界。

当然，人类的心智不是那么具有可塑性的。你是说我们都与现实脱节了吗？我们知道我们看到的是什么，对吧？

我们为什么不问问那些在迪士尼乐园看到兔八哥的人呢？

如果那只来自华纳兄弟（Warner Brothers）的"卑鄙的兔子"真的出现在竞争对手迪士尼公司的主题公园，与米老鼠和唐老鸭一起嬉戏，那么它就会被做成一锅炖肉。然而，当受试者看到兔八哥在迪士尼乐园与游客握手的模拟图像时，约40%的人随后回忆起了在迪士尼乐园与兔八哥见面的亲身经历。他们"记住"的实际上是一次不可能的见面。事实证明，我们中许多人在玩躲避兔八哥的游戏时，并不比它糊里糊涂的劲敌爱发先生（Elmer Fudd）精明多少。

在日常生活中，你有多少次以为自己在迪士尼乐园与兔八哥握手了？

好吧,我们可能会被主题公园里的一些花招愚弄,但我们肯定不会错过环境中对我们真正重要的信号。

**那么忽视大猩猩这一实验说明了什么呢？**

研究人员要求受试者数出视频中穿着白衬衫的球员来回投球的次数。大多数受试者都全神贯注地看着穿着白衬衫的球员，所以他们并没有注意到一只黑色的大猩猩走到场景中，停在中间拍打着胸部。他们埋头数数，连大猩猩都没看见。

当你在努力工作时，在你的视野中有哪些移动的大猩猩你没有看见？这些800磅（1磅≈0.46千克）重的大猩猩最终会扰乱你的游戏吗？

**你所见的就是你所想的。**

就像我们可以相信自己看到了"不可能"的东西,如迪士尼乐园里的兔八哥,或者看不到大猩猩在我们的视野中大步走过一样,我们的心智模式决定了我们在生活中所能看到的机会和威胁。

要进行改变,你必须首先看到可能性。通过理解心智模式的力量和改变心智模式的过程,你可以进行超常规思考。这些思考可以改变你处理工作和生活的方式。在接下来的内容中,我们将探索释放超常规思维的力量的过程。

**兔子和大猩猩可能是很有趣，但是为什么要关心心智模式呢？**

心智模式影响着我们生活的方方面面。如果你在事业上陷入了困境，或者你的企业发展停滞不前，一种潜在的心智模式可能会阻碍你的发展，而一种新的心智模式又可能会为你带来进步的机会。如果你在创新上落后于你的竞争对手，则可能是你的心智模式束缚了你的创造力。

如果你被信息淹没了，那么你正在使用的心智模式可能无法应对在这个信息丰富的世界中理解事物的挑战。如果你未能成功减肥、增加锻炼或改善健康，那么你用来理解这些活动的心智模式将对你取得的成果和你的生活质量产生巨大的影响。如果你的人际关系紧张，你对待其他人的心智模式可能就是根本原因。如果你想改变社会或更广阔的世界，则需要从观察、塑造你的世界并挑战心智模式开始。

在生活中任何需要改变和改造你自己、你的企业或其他诸多方面，心智模式都起着核心作用。然而，我们通常对我们的心智模式是什么，以及它们如何塑造我们所能看到的和所能做的事情几乎一无所知。心智模式可能看起来很简单，而且常常是看不见的，但它们始终存在，并且对我们的生活有着重大的影响。

改变世界从改变我们自己的思维开始。

**我们生活的世界并不存在于外面的大街上。我们生活的世界存在于我们的大脑里。**

　　在我们认识到这一点之前，我们总是在逃离幻象、走向幻象。在我们的工作和个人生活中，由于我们理解世界的方式有限，我们经常看不到真正的威胁和真正的机会。本书旨在慢慢改变你对世界的看法，并改变你看待世界的方式。

　　本书将帮助你理解你的大脑是如何只利用它所感知到的外部世界的一小部分，填充完整图景的其余部分，使之变得有意义。你的心智模式会影响你的视野和行为。了解此过程的工作原理，有助于你改变看待世界的方式和行为。

　　这个想法可能看起来相当简单，事实上也的确如此。但如果你真的考虑了其中的含义，就像我们将在接下来的部分讨论的那样，这将是一个强有力的想法。这种思维的转变是我们的个人生活、企业和社会的所有转变的开端。这就是超常规思维的力量。

你听到身后的脚步声了吗?

## 这是开始阅读一本书的方式吗？

一些早期的书稿审稿人喜欢本书的开篇方式，因为他们认为这把读者吸引到了核心问题上。另一些人则从另一种"心智模式"（我们理解世界的方式）出发，他们想要的是对该书走向的简明扼要的总结，以及一个能展示所有将阐述的要点的图表。还有一些人则希望书中有更多的学术性描述，以将讨论和该领域的著作联系起来。

你的反应和经验很可能是因为你对这些内容的思维定式，现在可能是指出这一点的好时机。当"书"指的是被广泛引用的学术著作时，它的概念与通俗小说截然不同。彼得·德鲁克（Peter Drucker）和斯蒂芬·金（Stephen King）都写"书"，但除了他们都使用文字这一事实之外，他们所写的"书"的意思完全不同。

当你拿起本书时有什么期待？因为本书是由大学教授和大公司的前首席技术官合著的，你是否期待看到一些更具学术性的东西？又是否期待看到一些商业领域的开篇故事？这两类内容稍后都会出现，但开篇故事是专门设计来挑战你当前的思维的，这样也许会让你更容易接受在这里遇到的想法。

本书传达的一个基本信息是，你在任何情况下看到的东西在很大程度上取决于你大脑中固有的东西。你在本书中看到的也不例外。你和我们一样，也参与对所提出的想法进行理解的过程。除了我们在这里所写的东西以外，你自己的经验和思维定式将影响你在此过程中获得的东西。

如果你认为这不是开始阅读一本书的方式，我们请求你抛开你现有的心智模式，给我们一点时间来争取你的支持。我们也邀请你告诉我们你的反应，这样我们就可以挑战我们自己和我们的心智模式。顺便说一句，如果你正在寻找表明前进方向的路线图，这里有一张图表。

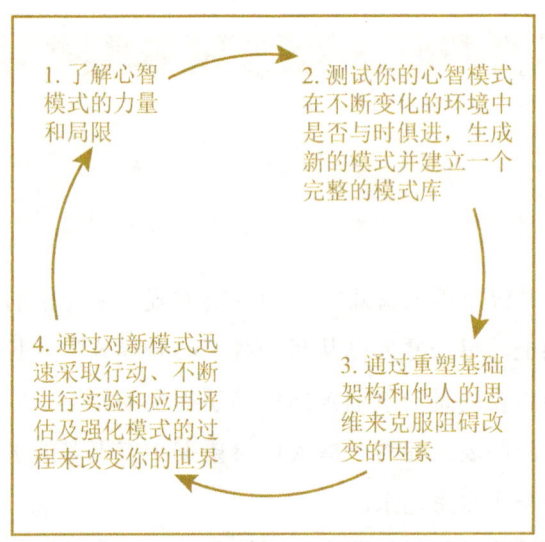

尾注

1. Braun，Kathryn A.，Rhiannon Ellis，and Elizabeth F.Loftus."Making My Memory：How Advertising Can Change Our Memories of the Past." *UW Faculty Server*. January 2002. Gould，Ann Blair. "Bugs Bunny in Disneyland?" *Radio Nederland*. 7 May 2002.

2. Taylor，John G. "From Matter to Mind." *Journal of Consciousness Studies*.9：4（2002）．pp. 3–22. 其他各种论文中也提到了该实验。

# 前　言

## 绑架我们的思想

乍一看，心智模式似乎是抽象的、微不足道的。但是，我们不能将心智模式视为视错觉、室内魔术或学术奇闻——所有心智模式都在我们的头脑中。我们的心智模式影响着我们生活的质量和方向。心智模式影响着企业的盈亏甚至生死。

"9·11"恐怖袭击之后，关于美国情报处理的争论说明了在当今复杂的环境中理解信息是很困难的。美国国会进行事后剖析的重点在谁知道什么、是什么时间等信息上，而不是在更关键的决定了这些信息是如何被处理的心智模式上。在我们这个信息时代几乎总是这样，导致这场悲剧的主要原因并不是缺乏信息。大量信息表明，使用飞机作为导弹进行袭击是可能的，甚至有情报指出参与该阴谋的可能成员有哪些。虽然我们本可以收集更多的具体信息，并在不同机构之间共享这些信息，但是信息收集不足只是未能阻止"9·11"恐怖袭击的部分原因。这并不是信息收集本身的失败。至少在某种程度上，这更多是一种信息理解的失败。

人们利用现有的与恐怖主义和劫机有关的心智模式对信息进行过滤。例如，看上去衣着整洁的工人，他们拥有生活所需的一切，并不符合自杀式炸弹袭击者那种典型的年轻狂热分子的形象。所以当这些看起来更可靠的人开始在飞行学校学习或询问有关飞机撒药的问题时，他们参与恐怖主义活动的嫌疑就会被忽略。劫机也遵循着某种既定的模式。飞机机组人员通常被劫持为人质，然后将飞机飞到劫机者要求的某个偏僻的地方。飞行员会被告知，对乘客和机组人员来说，最好的行动方案就是不要反抗。在"9·11"恐怖袭击期间，关键信息被一种心智模式过滤，使人们很难看到真正发生了什么，等知道一切时为时已晚。

"9·11"事件也极大地说明了改变心智模式的重要性。当第四架飞机（联合航空公司93号航班）上的乘客收到朋友和家人通过手机发来的有关世贸中心遇袭事件的消息时，几位乘客很快意识到，这并不是一起典型的劫机事件。他们意识到他们乘坐的飞机将会被用作导弹袭击另一个目标。在几分钟之内，他们就能够转变心智模式，采取英勇的行动制止劫机者。结果，最后一架飞机未袭击到目标，坠毁在宾夕法尼亚州西部的一片田野上。如果飞机上的一些乘客未能搞清楚发生了什么，没有采取行动阻止事故的发生，这场悲剧本可能会更加严重。93号航班的乘客和机组人员面临的情形与当天早些时候劫机事件的情形相似。但是他们突然形成的是一种不同的心智模式。他们能够迅速理解正在发生的事情，并根据这种新的理解采取行动。这让一切都改变了。

## 心智模式

我们最持久、也许也是最有限制性的幻觉之一，是我们相信我们所看到的世界是真实的世界。

右图是威廉·埃布斯沃思·希尔（W. E. Hill）创作的《我的妻子和我的岳母》。

我们很少质疑自己看待世界的模式，除非我们被迫这样做。有一天，互联网变得无比迷人，它不会出错，它宏伟而美丽。第二天，它就被过

网络浪漫：这幅画并没有发生太大变化，但我们首先看到的是一位漂亮的年轻女子，然后是一位老妇人。

度炒作，丑陋不堪，它什么也做不好。右边这幅画一点也没变，但在一瞬间我们从中看到一个很有魅力的年轻女子，而下一分钟我们又觉得不是。这是怎么回事？

这被称为"格式塔翻转"。线条和数据点是相同的，但呈现的图像却发生了戏剧性的变化。是什么发生了改变？不是图像，而是我们对图像的理解。摆在我们眼前的图像是一样的，但是在我们眼睛之后的东西已经改变了。面对相同的景象会产生截然不同的感知。

我们用短语"心智模式"（或"思维定式"）来描述我们用来理解世界的大脑活动过程。近几十年来，科学技术已经发展到我们可以直接观察大脑的程度。这使哲学和神经科学开始改变。现在，我们不仅可以思考我们是如何思考的，还可以在思考和观察时直接监测大脑的活动过程。这项研究产生了大量的实验数据。面对大脑不可思议的复杂性，一系列的神经科学理论已经出现，可用于解释我们大脑里发生的事情。

在企业和其他组织中，这些互动过程变得更加复杂。因为拥有心智模式的个体会通过群体决策或协商进行互动，他们容易受到如"群体思维"之类的偏见的影响，这些偏见会对灵活性和选择造成限制。

当我们在沃顿商学院和花旗银行领导变革活动，并帮助其他高管变革企业时，我们开始意识到这些心智模式对变革是多么重要。我们写这本书是为了探索心智模式对改变我们的个人生活、企业和社会的影响。本书不是为了对神经科学的证据进行具体解释，但本书会指出大脑具有复杂的内部结构，这种内部结构是由遗传决定并由经验塑造的。

我们理解世界的方式在很大程度上取决于我们的内在思维，而相对较少取决于外部世界。这种由神经元、突触、神经化学物质和电活动组成的内部世界，有着令人难以置信的复杂结构，且其以我们只能模糊感觉到的方式运作，我们称之为"心智模式"。我们每个人大脑中的这个模式是我们对所处世界和我们自己的表述（附录提供了关于神经科学发展的更详细的解释，这些发展影响了本书的观点）。

心智模式的范围比技术创新模式或商业模式更宽泛。心智模式代表了我们看待世界的方式。这些模式或思维定式有时可以反映在技术或业务创新上，但并不是每一个微小的创新都代表着一个真正的新心智模式。例如，向无糖软饮料的转变是市场上的一个巨大创新，但它只代表了心智模式的一个微小变化。我们的心智模式更加深入，往往深得让我们看不见。

作为感知和思维的核心组成部分，心智模式经常出现在决策制定、组织学习和创造性思维的讨论中。尤其是，伊恩·米特洛夫（Ian Mitroff）在几本书中探讨了其对创造性商业思维的影响，其中包括与哈罗德·林斯顿（Harold Linstone）合著的《无界思维》（*The Unbounded Mind*）。这些作者探讨了质疑关键假设的必要性，尤其是在从"旧思维"转向新的"无界系统思维"的过程中。彼得·桑格（Peter Senge）在《第五门学科》（*The Fifth Discipline*）和其他著作中讨论了心智模式是如何限制或促进组织学习的，约翰·西利·布朗（John Seely Brown）研究了随着世界变化而保持"空杯心态"的必要性。

爱德华·鲁索（J. Edward Russo）和保罗·休梅克（Paul J. H. Schoemaker）在《决策陷阱》（*Decision Traps*）以及《制胜决策》（*Winning Desicions*）中都强调了框架和高度自信在决策中的作用。罗素·阿科夫（Russell Ackoff）在《创造企业的未来》（*Creating the Corporate Future*）和其他作品中，强调了在实现计划的过程中，需要通过"理想化设计"的流程来挑战基础模式，该流程以期望的结果为起点，然后回过头来设置实现所期望的结果需要的步骤和目标。关于这些主题也有更严格的学术性思考，例如，保罗·克莱因道夫（Paul Kleindorfer）、霍华德·昆罗伊特（Howard Kunreuther）和保罗·休梅克（Paul Schoemaker）共同撰写的《决策科学》（*Decision Sciences*），以及克里斯·阿吉里斯（Chris Argyris）对组织学习的研究。其他许多书籍和文章都在某种程度上提及了心智模式。

既然已经出版了这么多关于该主题的书，那为什么我们还要再写一本这方面的书呢？首先，神经科学方面的研究让我们过去可能凭直觉认识的东西得到了科学的支持。这类研究使心智模式的内容更加充实，对我们而言，心智模式变得更具有说服力，尤其是在考虑到心智模式固有的不可见性时。其次，本书从更广泛的角度探讨了心智模式的影响，不仅包括心智模式如何影响组织决策或学习，还包括心智模式的作用方式及其对个人、企业和社会变革的影响。最后，尽管市面上有很多关于心智模式的文章，但我们仍未能从中知道心智模式是如何塑造我们的思维和行为的，这仍然会导致严重的错误和机会的错失。这使我们可以不断吸取教训。本书提出了对这一主题的独到见解，并探讨了如何将这些见解应用于个人生活和工作。

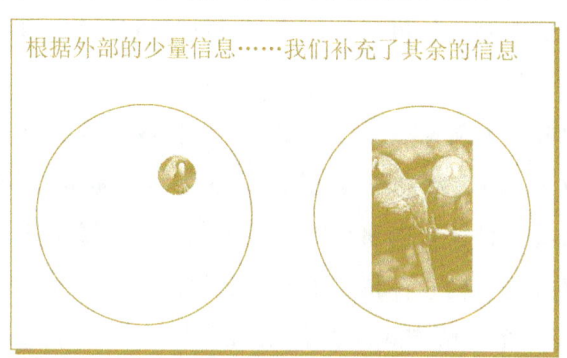

## 所见即所想

不管是做出一个商业举动还是一个个人决定，我们"看到的"并不是我们所看到的（参见补充资料"视觉和感觉的区别"）。我们所"看到的"是我们所想的。我们通常相信亲眼所见或用其他感官所感知的事物。但研究表明，我们通常很少利用这些从外界获取的感官信息，大部分信息都被丢弃了。虽然我们体验到的是看到外部世界这样一个过程，但传入的图像流实际上是在唤起我们内部世界的其他体验。这并不意味着外部世界不存在（尽管哲学家曾对此进行了争论），而只是我们忽略了外部世界的大部分信息。

我们所看到的大部分内容都在我们的头脑中。

在事故或手术中失去了自身肢体的人感觉到"幻肢"的过程，证明了头脑创造现实的力量。现实中的肢体已经不存在了，但是人仍然能感觉到它。在一项著名的实验中，索尔克研究所（Salk Institute）的神经学家拉玛钱德兰博士（Dr. Ramachandran）用棉签触碰病人的脸，结果引起了病人感到其并不存在的手被触碰了的反应。事实证明，在我们大脑中的身体地图上，手和脸位于相邻的区域。

当人在事故中失去一只手时，相关的手部映射神经元会移动到邻近的面部区域接收感觉输入。现在，大脑可能会体验到不存在的手被触碰的感觉。这个人对这种触碰的体验是完全真实的。正如拉玛钱德兰博士在英国广播公司（British Broadcasting Corporation,BBC）的一系列讲座中所观察到的那样，我们的大脑是"制造模式的机器"，我们对世界进行"虚拟现实模拟"，然后据此采取行动。

虽然我们大多数人从未感觉过"幻肢"，但我们都有过这样的经历：一开始相信某件事，然后突然发现自己错了。这常常是魔术师戏法实现的关键，当我们被引导去看一件特定的事情时，事实上，正在发生的是一些截然不同的事情。许多伟大的戏剧和神秘的小说以及我们自己的经历都涉及这样的意外变化。我们对世界的理解方式发生了快速的变化，这常常会让我们感到惊讶。

**补充资料**

## 视觉和感觉的区别

理解能力和观察能力不一样。迈克·梅（Mike May）是一名出色的速降滑雪运动员，他从3岁起就双目失明，直到46岁时通过一次手术才恢复了部分视力。在日记中，他描述了复明后第一次看到这个世界的经历。

在视力恢复后，他第一次搭乘飞机时，他望向窗外，但不知道自己看到了什么。他认为他看到的在褐色和绿色的地面上的白线是山脉。他转向旁边座位上的乘客，说明了自己的情况，问道："你能告诉我我看到的是什么吗？"

坐在他旁边的女人解释说，白线是薄雾，然后又继续指出下面景色中的山谷、田野和道路。当他后来用恢复的视力观察夜空时，在不知道什么是星星之前，他把所有星星都看成白点，"那么多的白点"。

他恢复视力的过程只是他学习如何理解这些新的视觉信息的过程的开始。

## 心智模式的重要性

心智模式会影响我们个人生活和职业生涯以及整个社会的方方面面。举几个例子。

- 个人——健康。我们每天都被新的医学研究和其他信息"轰炸"。一些研究发现某些食物或活动对我们身体有害或有益。其中一些报告是矛盾的。即使是在受人推崇的医学期刊上发表的研究，有时也会被推翻，或被发现不如媒体最初吹嘘的那样不容置疑。我们还接收到其他有关艾滋病、牛海绵状脑病、西尼罗河病毒和SARS等存在潜在威胁的信息。我们如何评估这些危险并采取适当行动呢？我们还面临一些关于我们对待健康的方式的更基本的问题。例如，我们可以采用传统的治疗方式，在疾病发生后才进行治疗；或者我们可以采用通过饮食和锻炼来预防疾病的方法；或者我们可以综合运用这两种方式。我们可以相信对抗疗法、顺势疗法、整骨疗法或自然疗法。我们在这方面的决定与我们如何理解世界有很大关系。如果我们选择采用节食法来减肥，我们就会面临一大堆相互矛盾的节食选项。我们理解这些选项的方式对我们的寿命和生活质量有着重要的影响。我们如何才能理解所有这些选项？我们怎样才能更好地评估各种选项，并为自己的健康做出决定呢？
- 企业——发展。许多公司都是根据传统的增长模式制定战略的。麦当劳（McDonald's）、可口可乐（Coca-Cola）和星巴克（Starbucks）等公司已经在本国市场实现了增长，然后通过寻找海外机会或新的分销渠道来维持增长。其他公司则通过整合和收购实现了增长。但是，这种增长的驱动力有可能稀释星巴克品牌的价值。当星巴克咖啡在加油站和超市就能买到时，那么星巴克这个品牌就会有完全不同的含义。然而，对投资者许下的承诺往往使这些公司沉迷于增长。公司如何制定健康的增长战略，才能提升品牌价值（减少客户流失、最大化客户的终生价值、占领市场份额、进入新市场，以及增加新的分销渠道等）、将品牌业务扩展到新产品/新市场，或创建新品牌（新的增长引擎）？公司还使用了哪些模式来建立和维持成功的业务关系？你能把它们应用到你的工作中吗？

- 社会——多样性与肯定性行动。心智模式在有关社会挑战的辩论中也发挥着关键作用。例如，解决历史上的歧视等不平等现象的最佳模式是什么？其中一种模式体现在美国的肯定性行动计划中，它创建了一种旨在解决历史上的歧视问题的正式架构。正如一位总统在一次演讲中所解释的那样："你不能把一个多年来被锁链束缚的人解放出来……然后说'你可以自由地与其他所有人竞争了'，却仍然理直气壮地认为自己是完全公平的。"但是，这些策略的反对者持有不同的模式，他们认为诸如肯定性行动这样的计划本身就带有歧视性，而且往往会强调歧视并使这些计划所要对抗的歧视一直存在。这些模式的选择对个人、立法乃至社会都有深远的影响。这些相互对立的观点在一系列引人注目的法庭案件中得到了体现。

在这些例子中，心智模式在我们的思考和行动中都起着至关重要的作用。我们的心智模式影响我们对所看到的东西的理解，这带来了或限制了我们采取行动的可能性。我们将在第11章探讨一些关于个人生活、商业和社会的具体困境。

## 思考不可能之事

我们如何才能进行超常规思考？本书接下来的部分提供了超常规思考流程的概述（参见补充资料"改变的选择"）。

首先，我们需要认识到心智模式的重要性，以及它们产生限制和创造机会的方式，这将在第一部分进行讨论。然后，我们必须找到让心智模式与时俱进的方法，确定何时将其改进为新模式（同时将旧的模式添加到我们的模式库中）、在何处找到观察的方式、如何放大和缩小视角以了解复杂的环境以及如何进行连续实验，这将在第二部分进行讨论。即使我们愿意改变自己的思维方式，我们也需要认识到将我们困在旧模式中的障碍，这些障碍既包括由我们生活的基础和流程带来的束缚性影响，也包括我们对自身周围模式的改变过于缓慢带来的束缚性影响。在第三部分中，我们讨论了这些阻碍改变的障碍以及解决这些障碍的策略。最后，我们认识到使用心智模式是为了快速采取行动。在本书的最后一部分中，我们探讨了通过直觉快速使用心智模式，以改变我们所处世界的方法。

**补充资料**

## 改变的选择

认识到心智模式的力量和局限。

- 了解心智模式如何影响你的世界。
- 认识到心智模式如何限制或扩展你的行动范围。

保持心智模式与时俱进。

- 知道何时换马。
- 认识到范式转换是双向的。
- 发现看待事物的新方式。
- 放大和缩小视角以从复杂信息流中筛选出有意义的东西。
- 参与实验。

克服阻碍改变的障碍。

- 废除旧秩序。

● 寻找共同点以弥合适应性分歧。

改变你的世界。

● 发展和完善你的直觉。

● 改变你的行动。

## 尾注

1. Mitroff, Ian I., and Harold A.Linstone.*The Unbounded Mind: Breaking the Chains of Traditional Business Thinking.* New York: Oxford University Press, 1993.

2. Brown, John Seely. "Storytelling: Scientist's Perspective." *Storytelling: Passport to the 21st Century.*

3. Russo, J. Edward, and Paul J. H. Schoemaker. *Decision Traps: Ten Barriers to Brilliant Decision-Making and How to Overcome Them.* New York: Doubleday, 1989; Russo, J. Edward, and Paul Schoemaker, *Winning Decisions: Getting It Right the First Time.* New York: Doubleday, 2001.

4. Ackoff, Russell L. *Creating the Corporate Future: Plan or Be Planned For.* New York: Wiley, 1981.

5. Kleindorfer, Paul R., Howard C. Kunreuther, and Paul J. H. Schoemaker. *Decision Sciences: An Integrative Perspective.* Cambridge and New York: Cambridge University Press, 1993.

6. Argyris, Chris. *On Organizational Learning*, 2d ed. Blackwell Publishers, 1999.

7. Ramachandran, Vilayanur S. "Neuroscience: The New Philosophy." *Reith Lecture Series 2003: The Emerging Mind.* BBC Radio 4. 30 April 2003.

8. Sendero Group, "Mike's Journal," March 20, 2000.

# 目录

## 第一部分

### 认识到心智模式的力量和局限

#### 第 1 章
**我们的心智模式定义了我们的世界**

- 8　　我们心中的平行宇宙
- 11　　模式从何而来
- 16　　避免过时
- 17　　心智模式的结果

#### 第 2 章
**跑完"奇迹一英里"**

- 26　　心智模式的力量
- 28　　心智模式的危险
- 32　　人类精神百折不挠

## 第二部分

## 保持心智模式与时俱进

### 第 3 章
### 你应该换匹马吗

44 ·· 知道何时换马
50 ·· 去赛马

### 第 4 章
### 范式转换是双向的

55 ·· 旧事物，新事物
58 ·· 科学革命的顺序
60 ·· 有时我们只往一个方向走
61 ·· 范式转换：生活在圣彼得堡
62 ·· 范式的时代尚未到来
64 ·· 从两个角度看待事物

### 第 5 章
### 发现看待事物的新方式

73 ·· 如何以不同的角度看待事物
80 ·· 新地图

## 第 ⑥ 章
### 从复杂的信息流中筛选出有意义的东西

- 88 ·· 把一兆字节的数据扔给一个溺水的人
- 90 ·· 一切都取决于上下文
- 93 ·· 放大和缩小视角的过程
- 101 ·· 极端思维：同时放大和缩小视角
- 102 ·· 应用：你要来些炸薯条吗
- 103 ·· 缩放视角

## 第 ⑦ 章
### 参与心智的研发

- 109 ·· 实验的必要性
- 111 ·· 进行认知研发
- 116 ·· 走进实验室
- 119 ·· 实验室式的生活：连续的适应性实验

## 第三部分

# 改变你的世界

## 第 ⑧ 章
### 废除旧秩序

- 125 ·· 心智模式的持久性
- 126 ·· 改变心智模式：革命还是进化

128 ·· 为新秩序铺平道路
132 ·· 空中楼阁

## 第 9 章
## 寻找共同点以弥合适应性分歧

137 ·· 适应性分歧
139 ·· 空杯心态的必要性
139 ·· 解决适应性分歧
144 ·· 适应世界

## 第四部分

## 快速有效地行动

## 第 10 章
## 培养快速行动的直觉

151 ·· 什么是直觉
153 ·· 创意飞跃的力量
154 ·· 直觉的危险
156 ·· 培养你的直觉能力
160 ·· 运作中的心智模式

## 第11章
## 挑战不可能的能力

- 164 ·· 霍华德·舒尔茨
- 168 ·· 奥普拉·温弗里
- 172 ·· 安迪·格罗夫
- 176 ·· 结论

## 第12章
## 挑战自己的思维方式：个人、商业和社会

- 183 ·· 健康思维：在个人生活中的意义
- 188 ·· 网络公司：在商业中的意义
- 195 ·· 密切关注心智模式

## 结 论
## 所想即所为

## 附 录
## 心智模式背后的神经科学

- 203 ·· 核心概念
- 209 ·· 说明

## 致谢

# 第一部分

## 认识到心智模式的力量和局限

第1章　我们的心智模式定义了我们的世界
第2章　跑完"奇迹一英里"

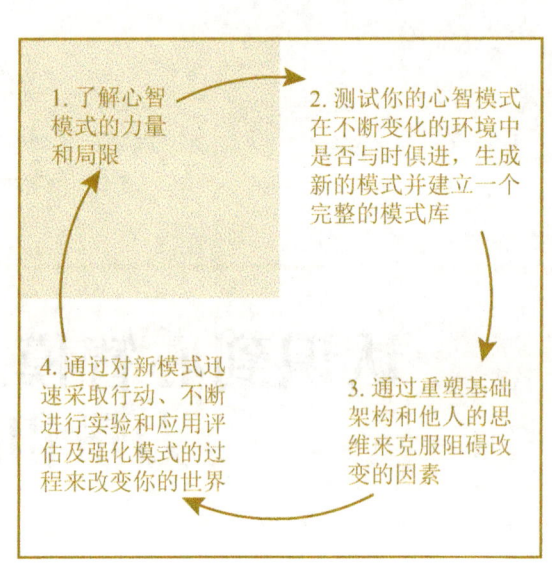

# 第 1 章

# 我们的心智模式定义了我们的世界

✦ ✦ ✦ ✦ ✦

在旧世界,管理者生产产品。在新世界,管理者理解事物。

——约翰·西利·布朗(John Seely Brown)

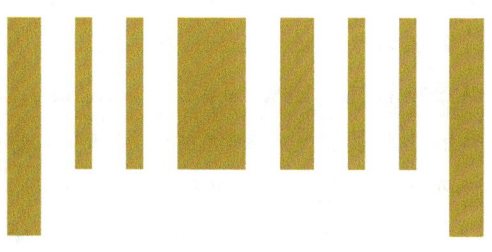

**现在是午夜,你听到楼下公寓里传来很大的收音机声。**

上周住在那里的那个安静的老人去世了,你一直在担心下一个房客的到来。你不知道谁会搬进来,你也从你的大学朋友那里听说过一些真实的恐怖故事。在公寓里,一个不友好的邻居会使你的生活痛苦不堪。

现在,你最担心的事情变成了现实。摇滚乐不停地播放着。你辗转反侧,看着时钟。现在是凌晨 0 点 30 分,你决定再等一会儿。即使你的新邻居是个混蛋,你也不愿意第一次见面就和他吵架。凌晨 1 点了,收音机的声音还是一样大。他们在楼下搞什么派对?你明天还得起床去上班。怎么会有人如此无知呢?所以你下楼要去教训他,让他知道什么是礼貌。你重重地敲了敲门,门开了。

你惊讶地发现公寓里空空如也,完全没有新邻居搬进来的迹象,连家具的影子都没有。你走了进去,在后面的房间里,发现了一些防尘布和油漆罐。你看到了一个插着电源、音量开到最大的便携式收音机。

那儿根本没有什么邻居,只是一个粗心的油漆工白天离开时忘记把收音机关掉了。新的房客还没有到。你根据噪声想象出来的无知的邻居消失在空气中,但是你感受到的愤怒和其他情绪仍然非常真实。你很难平静下来,也很难再次入睡,因为你还在生这个邻居的气,生一个只存在于你的脑海里的邻居的气。你创造了这个邪恶的人物来解释吵闹的音乐声的存在,这个人也就有了自己的生命。如果你没有下楼去敲门,你可能会带着这种幻觉生活好几天。

你的心智模式塑造了你看待世界的方式。心智模式可以帮助你快速理解从外部传来的噪声,但是也会限制你看到真相的能力。心智模式总是和你在一起,就像你的邻居一样,可以给你提供很大的帮助,也可以毫无理由地让你夜不能寐。

什么是心智模式，它们是如何塑造你的理解和定义你所生活的世界的？

**错误的心智模式会让你丧命吗？** 在过去的20多年里，美国有超过150名儿童的死亡原因是其父母出于信仰而不将他们送往医院治疗。这些父母拒绝使用现代医疗方法，而依靠信仰治疗。结果往往是悲剧性的。

1986年4月，两岁的罗宾·特威切尔（Robyn Twitchell）在马萨诸塞州的波士顿死于肠梗阻。他的父母把他带到一个教会医生那里，然而处方上只写了祷告。孩子的病情不断恶化。他吃饭和睡觉都有困难。他不停地发抖、呕吐。发病5天后，他就没有反应了。直到他去世之前，他的父母和教会医生仍一直相信祷告会起作用。这对父母在1990年7月被判过失杀人罪。

专家证实，这种情况可以通过一个简单的手术来治疗肠扭转，这个手术很可能可以挽救孩子的生命。这个手术是基于一种治疗疾病的外科手术模式，由于男孩的父母对疾病的起因和治疗持有的心智模式与外科手术模式不一致，所以他们没有考虑这种手术。在某种意义上，这个男孩的死是其父母理解世界的方式造成的。

讲这个故事不是为了评判这对父母的悲剧决定，也不是为了批评他们的信仰。但这个故事确实是一个通过不同模式来看待同一个决定的例子，这些模式包括父母的信仰和法院在审理此案件时所用的医学视角。法院认为，遵循父母的心智模式的结果很可能比遵循医疗模式的结果要糟糕得多。

尽管很少能像在这种情况下一样如此明确地定义心智模式的影响，但我们的心智模式会影响我们的生活、事业和人际关系，影响企业的繁荣，以及社会的生活质量。我们对世界的理解方式在一定程度上几乎影响着我们生活的方方面面。我们的思维和行动受到我们所持有的心智模式的影响。这些心智模式定义了我们的局限，也带给了我们机会。尽管这些心智模式具有强大的力量并且分布广泛，但通常来说我们几乎看不见这些心智模式。我们根本没有意识到它们的存在。

我们相信我们看到的是现实，而不是我们在头脑中创造的东西。罗宾·特威切尔的父母认为，只有祷告才能治愈他。对于他们来说，这才是现实。可以为孩子提供治疗的外科医生，以及刑事司法系统，都是用一种完全不同的眼光看待这个案件的。我们可能认为心智模式是抽象的或学术性的，像视错觉一样需要被研究和解释，但是在这种情况及许多其他情况下，这些模式显然不是学术性的。它们不仅影响我们所看到的事物以及我们如何理解世界，还影响我们在世界里的行为。从真正的意义上说，我们所想的就是我们所见的，我们所见的就是我们所想的。

你用来理解你生活的模式是如何把你困在特定的思维模式中，或者阻止你看到眼前的解决方案的？你目前使用的模式有哪些潜在的负面影响？你如何通过改变你的模式来改善生活质量？

## 重新思考 IBM 的研究模式

心智模式能限制或带来新的商业机会。20 世纪 90 年代初，国际商业机器公司（IBM）的研究主管吉姆·麦克格罗迪（Jim McGroddy）拜访了本书其中一位作者科林·克鲁克（Colin Crook），克鲁克当时是花旗公司（Citicorp）的首席技术官。

麦克格罗迪面临着严峻的挑战——IBM 每年正在损失数十亿美元。这个研究项目如何才能帮助 IBM 扭转这种局面？

克鲁克与他讨论了在花旗银行（Citibank）指导 IT 发展的信息技术价值链。这条价值链有三个基本层次：最底层是原子学和基础数学；中间是技术，如存储、显示器和芯片；最顶层的是客户解决方案。他说，真正重要的是客户解决方案，这也是花旗公司与其他竞争对手不一样的地方。

麦克格罗迪意识到，IBM 研究部门在很大程度上忽视了对客户解决方案的关注。该公司的大部分注意力都集中在底层的基础研究或中层的技术上。该公司已经成为一家孤立的、以产品为中心的公司，失去了与客户的联系。这种认识使得 IBM 研究部门重组，并创建了一个专注于服务、应用程序和解决方案的新战略领域。IBM 的成功转型得益于对这一领域的研究，这与新任董事长郭士纳（Lou Gerstner）的全球服务计划的推出密切相关，该领域随后成为 IBM 增长最快的领域。

IBM 可能没有意识到这一点，但它的研究是由一种以技术为中心的心智模式驱动的。当这种模式被识别并受到挑战时，就可以看到新的机会，可以重新设计、组织，可以进行业务转型（当然，这种转型比研发要广泛得多）。从市场的角度来看，看起来像是研发问题的事物可能会被重新考虑，看起来很棘手的技术问题可以被重新视为对业务设计的挑战。

## 工作和个人生活的划分

最近，我们采访了一位成功的经理，她说当她需要聘用一名新员工时，她会毫不犹豫地去找猎头。

但在她的个人生活中，她相信要找到人生伴侣得凭运气。要找到合适的伴侣和要找到具有良好性格和魅力的合适雇员的挑战类似，但她采用了完全不同的两种方法，因为她对自己的个人生活和工作有着不同的心智模式。在工作方面，她从来没有想过去单身酒吧，然后在那里偶遇一个完美的营销副总裁，但她在她的个人生活中会这样做以找到合适的伴侣。由于这堵人造的墙，她在思考自己的个人生活时，远不如在工作中那样有创造性（在寻找人生伴侣方面也不如在工作中那样成功），而在工作中，她通常会找到优秀的人来担任关键的职位。

尽管工作和个人生活这两个世界正融合在一起，但我们面临的限制框架之一就是工作和个人生活的分离。看看有多少电视娱乐节目描绘了工作背景下的个人生活。随着工作和个人生活之间的界限越来越模糊，我们就有机会在工作和个人生活之间转换我们的思维模式。我们可以将一个领域的心智模式应用于另一个领域，以改变我们对生命的这两个方面的看法。

## 新兴市场

再举一个例子，考虑一下大多数公司是如何看待某些国家的贫民区市场的。这些市场的所在地往往是低收入、高犯罪率和面临其他风险或成本的区域——简而言之，它们被视为市场营销者的噩梦。尽管各大公司开始意识到世界各地新兴市场的潜力，但贫民区市场在很大程度上仍被忽视。然而，正如迈克尔·波特（Michael Porter）指出的那样，如果我们仔细观察，会发现这些市场具有显著的优势和潜在的机会。虽然这些区域的人们可能收入较低，但人口密度却较大，因此这些区域"每英亩（1英亩≈4 046.86平方米，此后不再标注）的购买力"可与其所在城市较富裕的区域相提并论。这些市场都位于战略位置，而且往往包括对未来市场增长至关重要的人口细分市场。

如果我们将贫民区市场重新定义为"新兴市场"，这会带来哪些新的可能性？在一些新兴市场采用的策略，哪些可以复制，并能取得良好效果？我们只要简单转变对这些市场的看法，就可以为执行战略开辟新的可能性并为增长带来新的潜力。

你的行业和工作模式是如何阻止你发现机会并实现企业所有价值的？

## 我们心中的平行宇宙

大脑平均重约3磅（1磅≈0.46千克，此后不再标注），有着复杂的结构和功能，对此我们才刚刚开始了解。虽然估算值各不相同，但一般来说我们每个人有大约1 000亿个神经元，它们通过数百万亿个突触进行交流。整个大脑充斥着神经化学物质的电流，电闪雷鸣般的电活动在大脑中发生，来自眼睛、耳朵、鼻子、嘴巴和皮肤的数百万个感觉信号混杂在一起。

我们居然还能够思考，这简直是一个奇迹。但我们做到了。一个线性处理机器被这种洪水般的刺激轰炸后可能会立即停机。但大脑是完全不同的。从某种程度上讲，大脑能解释这些混乱的闪烁信号。人类的大脑每天都在玩魔术，相比之下，这让大卫·科珀菲尔德（David Copperfield）看起来就像在表演客厅近景魔术。神经科学研究表明，我们对外部事物的理解，只在很小程度上取决于我们看到的外部事物，而在很大程度上取决于我们大脑中的模式。

> **补充资料**

## 从无义意的西东中找意到义（MKANIG SNESE FROM NSOSNESE）

正如刘易斯·卡罗尔（Lewis Carroll）在他的无意义诗《炸脖龙》（*Jabberwocky*）中的"brillig"和"slithy toves"所呈现的那样，我们出色的理解能力让我们仅需一点点语境就能从绝对的胡言乱语中获取意义。只需一点努力，你就能理解以下在网上流传的一段话。

虽然该研究和这所大学都没有被正式确认，但下面的话，无论多么含混不清，都能不言自明。

根据英国一所大学的研究，无论字母在单词中的顺序如何，只要单词的第一个字母和最后一个字母的位置是对的，就算其余字母乱成一团，你仍然能毫无障碍地理解这个单词。这是因为你不是根据逐个字母来理解的，而是将整个单词看成一个整体来理解的。（Aoccdrnig to rscheearch at an Elingsh uinervtisy, it deosn't mttaer in waht oredr the ltteers in a wrod are, olny taht the frist and lsat ltteres are at the rghit pcleas. The rset can be a toatl mses and you can sitll raed it wouthit a porbelm. Tihs is bcuseae we do not raed ervey lteter by ilstef, but the wrod as a wlohe.）

*问问你自己：你的生活中是否有这么多你看不到的漏洞？*

在某种程度上，大脑似乎是通过选择忽略一些外部世界的信息来做到这一点的。美国神经生理学家沃尔特·弗里曼（Walter Freeman）发现，由感官刺激引起的神经活动在大脑皮层中消失了。我们的眼睛和耳朵不断地收集信息，但我们的大脑并没有真正地处理所有的信息[参见补充资料"从无义意的西东中找意到义（MKANIG SNESE FROM NSOSNESE）"]。这种刺激进入大脑后，大脑里似乎出现了一个内部相关的模式，大脑用它来表示外部情况。

大脑通过感官获取有关世界的信息，然后将其中的大部分信息丢弃，主要利用小部分信息来唤起其自身的平行世界。每个大脑都创造了自己的世界，这个世界是内在一致并完整的。感知不是一个接收、处理、存储和调用信息的线性过程。相反，它是一个非常复杂、相互影响、主观和唤起记忆的过程。

这就好像一个访客来到门前，按响了门铃，里面的人并不需要开门，只要通过猫眼迅速瞥一眼，就能形成对外面的人完整样貌的认识。我们从经验中知道，我们有能力立即对人做出快速判断——而这些判断有时是错误的。然而，这个过程是非常高效的，这就是为什么门上有猫眼。与婴儿第一次了解世界不同，我们不必尝试去理解每条新信息。

只需几条线，我们就可以填完整个图像。这种对我们所看到的做出直觉反应的能力对于快速思考和行动至关重要（在第 10 章中，我们将讨论直觉的力量和局限性）。

## 强健我们的大脑

在人类整个进化过程中，大脑一直在发展和变化，其分层结构清楚地表明了这一点，从最古老的"爬行动物"部分开始，然后发展出"边缘"系统，再到形成"新大脑皮层"，也就是理性行为的依附之处。

随着时间的推移，我们的大脑也在变化和进化，神经元不断在死亡和重建，突触也不断在被破坏和重建。大脑选择、加强或削弱某些突触，以形成决定我们思维的复杂神经结构。然后，我们通过经验、教育和培训来重塑这些神经"模式"。

新生儿具有理解这些信号的基本能力，但只有基本能力，这种能力可能来自遗传。随后的经验在这个遗传基础上产生作用。孩子们的首要任务，也是最紧迫的任务就是迅速发展自己的能力，去理解所有令人困惑的信号。在最初的两年内，大多数孩子似乎发展出了这种能力。这个过程涉及理解刺激从何而来，然后将信号归类为一般模式的特定情况。阴影和颜色的混合会被认为是一个球。悬停在婴儿上方的脸会被视为母亲的脸，但是在模式完善之前，所有相似的面孔也都被视为母亲的面孔。孩子能够形成一种整体的感觉，而不是只关注细节。这种对信号的分类是关键。这些经历也以记忆的形式被保留下来——这些复杂的模式分布在大脑中，并不具有表象性，但可以被其他模式和外部刺激激发。

随着孩子头脑中的内部世界变得越来越丰富，外部世界会逐渐衰退。弗里曼的实验表明，外部世界与内部世界之间的平衡会逐渐倾向内部世界。大脑自身的模式取代了来自外部世界的输入信号。当大脑面对新的体验时，它会调用看起来与该体验最相似的复杂神经活动或心智模式。

在孩子对最简单的经历感到疑惑时，我们会在孩子身上看到心智模式的缺失。当我们对那些有时能决定我们成年生活的常规和惯例表示懊悔时，我们又会感到心智模式的存在。在某种意义上，心智模式的发展是幼年和成年之间的分界线。我们逐渐生活在一个熟悉的世界里，这个世界可以被认为是一种美好的幻觉——之所以说是美好的，是因为它可以帮助我们有效地生活在这个世界，但它仍然是一种幻觉。

我们最终会完全意识不到这些模式实际上是内在的幻觉。我们接受了这些幻觉，把它们当作外部现实，并根据它们采取行动，好像它们就是真的一样。如果它们是正确的模式，那么在大多数情况下，它们足以让大脑处理外部现实。但危险正在悄然蔓延。当世界发生重大改变时，我们会发现我们的模式与当前的情况完全无关。当我们从甲板上掉入水中时，却发现自己穿着平常的衣服，而那时我们需要的是潜水衣和救生衣。

## 模式从何而来

不断的训练可以塑造和完善我们的模式。爵士音乐家或现代艺术家对世界许多方面的看法可能与科学家或工程师的看法截然不同。但训练也不能完全解释我们的模式。并非每个音乐家或工程师都会以相同的方式看待世界。像阿尔伯特·爱因斯坦（Albert Einstein）这样具有突破性思想的科学家，他与现代艺术家之间的共同点可能要比他与科学界的同事之间的共同点多得多。一些科学家可能会创造性地挑战极限，其他人可能会在定义明确的研究领域工作。一些首席财务官可能会规避风险，而另一些则敢于冒险。他们的方法取决于他们的个性（遗传），受到的教育、培训，以及他人的影响和其他经历。

我们可以通过观察心智模式的来源来洞察它们。长期以来，人们一直在争论先天和后天对思维的影响。

目前，越来越有可能的是，先天的基因在决定我们是谁的过程中发挥着重要作用。大脑的许多基本能力，如语言能力，似乎在出生时就被我们遗传的基因决定了。

显然，我们天生就具有一些"硬件"和"硬接线"，这些"硬件"和"硬接线"会影响我们看待世界的方式。情绪障碍是一个极端的例子，这个例子说明了某些化学物质和基因的差异如何影响我们看待世界的方式。虽然基因研究和药物干预提供了改变思维结构和化学物质的新方法，但它们对心智模式的确切影响尚不清楚。虽然我们可能很想找到一种可能的方法，但目前还没有丸剂或基因疗法可以改变我们的心智模式，尽管在未来科学发展的某个时刻这可能会实现。在克服自然的限制方面，人类的大脑似乎也有相当大的灵活性。

先天遗传似乎为我们是谁以及我们能做什么提供了基础，而后天的经验在塑造这些能力、加强某些能力和削弱其他能力方面起着重要作用。因此，许多后天力量塑造并重塑了我们的心智模式，其中包括如下内容。

- 教育。我们受到的教育在很大程度上塑造了我们的心智模式，并形成了塑造世界观的基础。科学家学会了以不同于爵士音乐家的方式来接触世界。广泛的教育通常是塑造思维方式的最不可见的力量。我们周围都是背景相似的人。人文教育的目的是通过多种方式为人们提供一种共同的语言和世界观来使用，因此，这种教育基础很容易像岩石上的变色龙一样融入环境。虽然深入理解一个学科领域的知识是一种学习，但学习心智模式是另一种学习（参见补充资料"第二种学习"）。

- 培训。与教育相关的是我们接受的用于应对转变或处理新任务的特定培训。计算机程序员可能会学习编程语言，或者艺术家可能会学习金属雕塑。这种培训比教育更具体、更明显，也更容易被改变。尽管如此，我们经常在训练中受常规限制，很难突破，即使我们周围的世界已经发生了巨大的变化。

- 他人的影响。我们都受到导师、专家、家人和朋友的影响。他们的生活理念和解决问题的方式深深地影响着我们如何处理自己面对的挑战。我们也受到我们读过的书的影响。例如，一个读了赫伯特·乔治·韦尔斯（H. G. Wells）的所有小说长大的孩子可能会受到这种经历的影响而成为一名科学家。我们受到周围环境中人们的影响，首先是父母、朋友和老师，然后是上司和同事，这些人将我们推向新的方向或鼓励我们取得重大的成就，改变我们对自己的看法。我们也受到社会中广泛趋势的影响，就像许多在20世纪60年代长大的人一样。最后，我们受到大众文化的影响，在这个世界里，音乐电视台可以在几个小时内就把时尚潮流传递给全世界。

- 奖励和激励。我们的心智模式和行为受持有它们所获得的回报的影响。这些奖励可以是有形的，如直接的经济收益；也可以是无形的，如社会认可。

- 个人经验。有些艺术家和科学家是自学成才的。他们通过个人经验来创造自己的风格，这让他们更容易跳出主流去思考。学徒制的传统也是建立在将个人经验和导师或专业工匠的经验结合起来学习的过程之上的。

除了我们在教育中学到的具体知识外，我们还培养了如何学习的能力，这有助于我们理解自己的经历。我们的成功和失败可以极大地影响我们对世界的看法。个人际遇会对我们看待整体或特定领域的生活产生重大影响。我们如何应对错误、如何从成功中吸取经验，都会影响我们应对每一个新挑战的方式。某些严峻的考验，如童年时期遭受虐待产生的创伤，可能会影响我们一生的世界观。

有些人发现他们的世界被这些不幸压垮了并束缚了。有些人则通过培养决心和动力来应对，这不仅使他们跨越了目前的障碍，而且使他们取得了新的成功。

今天的经验很快就会变成明天的"神学"。这就是将军们经常用上一次战役的经验来打仗的原因。他们根据过去的装备和军事策略制定了对策，仔细地从上一次战役的情况简报中汲取了经验教训，这些经验教训可能不再与当前的战役有关（只要我们认识到世界可能会改变，那么事后分析可以成为有价值的见解的来源）。经验是一把双刃剑。

## 目前的心智模式

我们的一些心智模式非常广泛，而另一些心智模式则非常本地化和具体。更广泛的模式会影响追随者的心智模式，影响他们的行为准则和行为，以及社会和经济生活的整个结构。并不是所有的模式都有这么大的规模。我们的背景和哲学信仰通常会影响我们看待世界的方式，但我们也会应用针对特定情况的模式。消防演习或飞机疏散程序就是针对特定情况的模式的示例。无论我们的背景、受过的培训和经验如何，我们都会寻找最近的出口，当氧气面罩从天花板上垂下来，我们就会戴上它，或者给救生衣充气。

在这种情况下，目标是为每个人提供一个应对特定紧急情况通用的最佳实践模式。但是，遭遇突发事故的航班上的乘客遇到座椅靠背卡片上没写的情况时，他们需要根据自己的经验和以往的经历，如参加过的体育运动、军事训练和看过的故事或电影，即兴创作一种模式。

在许多情况下，我们的背景和经验决定了我们将如何应对特定的情况。当某大型药企在某一年做出重大决定，将其产品下架以应对某款药物恐慌时，该药企是基于一组牢牢嵌在企业"信条"中的价值观采取行动的。它制定了一套与其核心心智模式相一致的行动方案——如果把客户和其他利益相关者放在首位，股东回报自然会随之而来。

有时，我们对特定挑战的反应最终会改变我们更广泛的模式。旨在应对当前挑战的具体行动最终破坏了更广泛的模式。目前这种模式应用的观点与迈尔斯·布里格斯（Meyers Briggs）提出的方法形成了对比，后者试图定义一种特定的个人决策风格。尽管意识到有不同的认知方式（如感知/接受，系统/直觉）很重要，但我们在应用这些方法时并不一定是一成不变的。一个人可以通过多种方式来应对特定的挑战或特定的情况。

**补充资料**

## 第二种学习

社会上有很多关于创建彼得·森奇（Peter Senge）和其他人所说的"学习型组织"的重要性的讨论。我们认识到继续致力于斯蒂芬·科维（Stephen Covey）所说的"磨锯子"对个人发展的重要性。

但是，在将这些想法应用到我们的工作和个人生活中时，我们常常无法区分以下两种学习。

第一种学习更常见，也更容易实现，那就是在现有的心智模式或学科中加深我们对知识的理解。

第二种学习侧重于新的心智模式以及从一种心智模式转换到另一种心智模式。这不是在一个特定的模式中深化知识，而是着眼于模式之外的世界，采用或开发新的模式来理解这个更广阔的世界。有时我们需要的不仅仅是"磨锯子"，我们还需要扔掉锯子，拿起电动工具。如果我们只专注于"磨锯子"，那么我们可能看不到应用新技术的机会，而新技术可以从根本上改变我们完成任务的方式。工具箱中最锋利的锯子可能无法与基于看待世界的新方式使用的强大的新方法相匹敌。

本书主要侧重于第二种学习。第二种学习不仅能让人在处理当前任务中表现得更好，而且会让人思考这是否是正确的方法，以及我们如何能够改变这些方法。这不是工程师上了工程学的第 100 门课程所学到的东西，而是她上了爵士音乐的第一门课所学到的东西，这让她能够从一个全新的角度来看待工程问题。学习新的心智模式更具挑战性和复杂性，但在快速变化和不确定的环境中至关重要。

## 避免过时

20 世纪 90 年代初，花旗公司经历了痛苦的裁员和重组，我们目睹了令人不安的一幕：一个四十多岁、有才华的计算机程序员震惊地发现公司不再需要他了，他失业了，因为他的商用计算机编程语言（COBOL 语言）编程技能已经过时了。

这简直是晴天霹雳，因为他是一个很好的程序员。他只是没有跟上时代的发展。不仅如此，当他通过再就业工作时，他惊恐地发现他的技能对任何公司都不再有价值了。他一直专注于自己的事业，对周围的变化浑然不知，现在他发现，他的前方已是悬崖峭壁。

如果这个程序员没有被过时的思维模式束缚，他能准备得更好吗？即使他没能阻止自己被解雇，他是否至少能在那之后更好地继续前进？

如果世界保持静止，我们也许会幸福地意识不到我们的心智模式落后了。就像我们原始的进行狩猎采集的祖先一样，在我们相对短暂的一生中，我们的本能和经验从童年起就能很好地帮助我们。但是，当今世界瞬息万变，我们需要能够识别自己的模式，知道是否需要改变以及如何改变这些模式，从而迅速采取行动，甚至影响其他人的模式。

就像上面例子中的程序员一样，在我们经历解雇、离婚、诉讼或心脏病发作之前，我们通常看不到需要改变的地方。然而，如果为时不晚，我们及时清醒过来后就会发现，我们以前的心智模式已经不管用了。（令人惊讶的是，即使是这些冲击有时也是不够的。）

但不一定是这样的。在世界强迫你改变之前，你可以有意识地改变你的心智模式。花旗公司的一些人，包括许多最终挺过裁员风波的人，都有意识地努力让自己融入外部世界。他们探索了技术的不同方面，如新的编程语言和技术，并将这些新的视角引入工作。他们积极地挑战自己和周围人的心智模式。他们继续开发对组织有价值的、新的、有用的思维模式。他们成了公司转型的领导者。

在任何时候，我们都可以选择如何看待这个世界。但我们并不总是能意识到这些选择。我们通过教育和经验建立起来的模式往往是看不见的，只有当某些事发生后才能被意识到。

在不断变化的环境中，我们要么改变自己，要么被改变。我们在每天的工作和生活中逐渐明白，在生活给自己一记痛苦的耳光之前，改变是可能的。但是要改变我们的生活，我们首先要改变我们的思想。我们的心智模式决定了我们能看到什么、做什么。

## 心智模式的结果

我们生活在一个充满巨大风险和巨大可能性的世界中。我们有前所未有的机会来融合新旧事物的精华，开拓新的视角，连接不同的知识领域，就像吃自助餐时取菜一样。然而，放弃我们对世界的旧看法是冒险的。近年来，我们看到关于家庭、制度等的传统观点受到侵蚀，出现了一些积极结果的同时也出现了一定程度的混乱。当我们在工作或个人生活中脱离实际时，我们就会受到各种不切实际的思想风潮和一时的潮流的影响。如果我们能在经历这段旅程后应用新的思维模式，我们就有机会发现具有丰富潜力的新世界。

正如约翰·西利·布朗在本章开篇的引言中所指出的那样，我们真正的工作是"理解"。它不仅适用于商界的管理者，也适用于商界、政界和其他领域的每一个人。就像在侦探小说中一样，我们是在与时间赛跑，与那些有意或无意地制造假线索来迷惑我们的聪明对手竞争。在一个信息极其复杂和广泛的世界里，完成这项关于理解的工作从来没有像现在这样艰难，也从来没有像现在这样重要。与大多数侦探小说不同的是，这项理解工作在结尾并没有一个简单的答案（如"这是男管家做的"），除非我们发现它或者创造它。这项理解工作甚至没有结尾。

我们今天看到的世界明天可能会经历格式塔翻转。我们会变得更擅长完成理解的过程——第一步是认识到这需要一个过程。

有些人会说，这个世界太复杂了，我们无法理解。好像我们只需要低着头，专注于脚下的轨道，然后继续前进就可以了。这可能在有限的时间内有效（直到一些货运列车沿着我们行走的轨道快速驶来）。但是我们人类有能力去理解、适应一个极其复杂的世界，并迅速决定采取切实可行的行动。自从剑齿虎时代以来，我们就是这样生存和发展的。这就是我们在当今复杂的世界中取得成功的方法。

在当今复杂和不确定的环境中，最大的危险不是来自外面四处游荡的野兽。危险更多地存在于我们自己的头脑中，危险是我们无法看到自己的极限或无法以不同的方式看待事物。我们试图通过本书让读者更好地理解这些内在的"野兽"，并学会与之共处（如果不能驯服）。

## 超常规思维

- 影响你思考的心智模式是什么？你的心智模式和别人的心智模式有何不同？
- 在你最近做的决定中，无论是个人的还是工作的决定，有哪些是你可以确定心智模式在你构建问题或制定解决方案中起了作用的？
- 你受到的教育和拥有的经验是如何影响你的心智模式的？
- 你的模式和经验可能存在哪些盲点？
- 你如何寻找新的视角和经验来挑战或改变你当前的模式？

## 尾注

1. Address to Complexity Conference in Phoenix, Arizona, February 1997.

2. "Death by Religious Exemption." *Massachusetts Citizens for Children*. January 1992.

3. Thanks to Robert Buderi for reviving this example in "The Once and Future Industrial Research." *26th Annual Colloquium on Science and Technology Policy*. Washington, DC. 3–4 May 2001.

4. Porter, Michael E. "The Competitive Advantage of the Inner City," *Harvard Business Review* (May-June 1995), pp. 55–71.

# 第 2 章

# 跑完"奇迹一英里"

对我而言,赛跑一直以来更多是心理上的问题而不是生理上的问题。

——罗杰·班尼斯特(Roger Bannister)

**你在跑道上奔跑。**

你疲惫不堪，感觉自己跑不动了。你呼吸急促。你的肺好像要爆炸了。但是如果你再保持这个速度一会儿，你就能超越自己的最佳成绩。

你突然想到一个熟人，他在慢跑时心脏病发作了。仅仅为了打破自己的最佳成绩，这当然是不值得的。所以你放慢了脚步。

是你的身体还是你的大脑让你停了下来？我们最大的限制是生理上的还是心理上的？我们的模式帮助我们在这个世界上行动，但它们也限制了我们的行动。就像早期航海者认为地球是平的一样，我们的心智模式构成了我们认为的世界的极限。当我们改变它们时，我们为发现新的世界开辟了新的可能性。

问问传奇长跑运动员罗杰·班尼斯特就知道了。他面对着看似无法逾越的四分钟跑一英里（1英里≈1.61千米，此后不再标注）的障碍，但他成功克服了。在这一章中，我们将探讨心智模式的力量与局限。

直到1954年，四分钟跑完一英里的速度都是人类无法想象的，因此这超出了人类所能达成的范围。人们认为，在四分钟或更短的时间内跑完一英里是人类的生理极限。英国长跑运动员罗杰·班尼斯特写道："四分钟跑完一英里……是运动员多年来一直在谈论和梦想的目标。"班尼斯特写道，就像在希拉里（Hillary）登上珠穆朗玛峰之前一样，运动员"曾经认为这是完全不可能的，而且是任何运动员都无法企及的"。这是一个绝对的极限，就像早期的航海者认为，在地球的尽头，瀑布会倾泻而下。但事实证明，这同样是一种幻觉。

1954年5月，在牛津赛道上，班尼斯特打破了这一极限，以3分59.4秒的成绩跑完了一英里。约两个月后，在芬兰，班尼斯特的"奇迹一英里"

再次被澳大利亚选手约翰·兰迪（John Landy）打破，他的成绩是 3 分 57.9 秒。在接下来的 3 年内，另外 16 名选手也相继打破了这项纪录。

那这 3 年发生了什么？在人类进化过程中是否出现过突然的爆发式增长？是否有一项基因工程实验创造了一个新的超级跑步者？然而并没有，人类的基本素质都是一样的，改变的是心智模式。过去的跑步者被一种认为他们不可能在四分钟跑完一英里速度的思维方式束缚。当这个限制被打破时，其他人就意识到他们可以做一些他们以前认为不可能的事情。

这些限制或加速了我们的进步的心智模式从何而来？在这种情况下，竞技选手对"什么是可能的"有一个共识。大多数跑步者认为四分钟跑完一英里是人类的极限，但罗杰·班尼斯特却不这么认为。他的脑子里有其他的认识。首先，他坚信四分钟跑完一英里的速度是可以超越的。其次，作为牛津大学的一名医科学生以及后来的神经学家，他采取了科学的训练方法。他在自己的训练中运用了科学的方法并进行观察。"每一场比赛都是一次实验，"他写道，"有很多因素未能被完全控制，无法使两次赛跑相同，就像两个相似的科学实验很少得到完全相同的结果一样。"

班尼斯特更多地依赖于他对自己的表现的观察和对同行选手的见解，而不是专业教练。他写道："不同的训练理念相互影响，在这样的氛围中，跑步成绩有了很大的提高。""提高跑步能力有赖于运动员自身持续的自律，有赖于他对比赛和训练的反应的敏锐观察，尤其有赖于他必须自学的判断力。"

他开发并应用了新的训练方法来提高他的速度，使用间隔训练法，即每段跑 1/4 英里，中间有两分钟休息时间。在为他的创纪录比赛训练时，他和队友们将 1/4 英里的冲刺时间缩短到了 61 秒，但此时他们的进度出现了停滞。然后，他们停止了训练，进行了为期几天的缓慢徒步和攀岩训练，然后再进行以 59 秒的速度跑完 1/4 英里的训练。

班尼斯特的方法既着重于调节自己的心理，又着重于调节自己的身体。他写道："调节心理的方法非常重要，因为心理的优势和力量是无限的。""所有这些能量都可以通过正确的心态加以利用。"

正如跑步者的思维定式使他们保持在四分钟内跑完一英里的阈值以下——班尼斯特创造的新模式解放了他们，使他们超越了阈值——我们的心智模式会限制或扩展我们的世界。班尼斯特和我们面临的挑战是认识这些模式，以便能够继续测试这些模式的极限。我们还必须能够区分我们世界观中柔软和丰满的部分，这些部分可以根据现实的底层骨骼而被重塑。在四分钟内跑完一英里的突破并不意味着人类有了正确的心态就有能力在一分钟内跑完一英里，但它开辟了许多新的可能性。

在你的工作和个人生活中，哪里有你没有意识到的类似于在四分钟内跑完一英里的机会？这些模式会如何扩展或限制你的世界？

## 瑞安航空公司的奇思妙想

下面是心智模式所带来的限制和机会的一个例子，看看全球主要的航空公司是如何卷入价格战的，这些价格战使许多航空公司濒临破产（或将它们推向破产的边缘）。这种价格竞争能走多远？按照传统的思维，应该有个限制，但瑞安航空首席执行官迈克尔·奥利里（Michael O'Leary）却不这么认为，他设想了一个免费航空旅行的时代。瑞安航空推出提供数千个免费航班座位的促销活动，奥利里说，到2004年，十分之一的航班将是免费的，而且这一数字还将继续增长。

奥利里是不是在做白日梦？不，他只是在突破关于定价和航班价值传统思维的障碍。例如，他追求的模式是一种"多重"模式，类似于电影院是通过小卖部的饮料和爆米花，而不是大屏幕上播放的电影来获取大部分利润的。航空公司的做法是在航班上提供免费座位，但在乘客扣上安全带的同时向其收取卫星电视、游戏、互联网接入和其他娱乐产品的费用。奥利里还设想有一天旅客可以免费乘坐飞机，而各大企业和城市为促进旅游业会为其买单。

传统观点可能会得出这样的结论：由于瑞安航空公司推出了免费和折扣座位，它将会蒙受损失。但这家航空公司利润增长迅速，实际表现优于竞争对手。2003年年中，该公司的营业利润率为31%，而英国航空（British

Airways)的营业利润率为 3.8%,西南航空(Southwest Airlines)的营业利润率为 8.6%。

## 转换库存的心智模式

改变商业心智模式的机会有很多,而这些机会不仅仅是技术革命的结果。表 2.1 总结了商业上许多其他关键领域可能正在经历的转变。在仓库库存曾经被视为一种资产的情况下,准时交货的出现意味着库存也可以被视为一种负债。

企业的目标从拥有充足的库存转向尽可能保持供应链的精简。当人被看作一个企业的支出时,在知识劳动者的时代,人可能是最重要的资产。技术资产通常被视为资本,但是随着变化发生得如此之快,许多人现在认为技术资产应该被视为支出。财务报告是按季度或年度进行的,但随着思科系统率先推出的"虚拟结账"新系统,财务报告现在可以实时完成。在这些情况下,我们的模式限制了我们思考这些问题的方式。通过像班尼斯特那样打破四分钟跑完一英里的纪录的方式转换心智模式,我们已经能够改变我们思考和行动的方式了。

表 2.1 转换心智模式

| 库存是资产 | 库存是负债 |
| --- | --- |
| 人是支出 | 人是资产 |
| 技术资产是资本 | 技术资产是支出 |
| 季度或年度报告 | 实时报告 |

表 2.1 中列出的哪些模式是正确的模式?答案是:视情况而定。在 20 世纪 90 年代末的经济繁荣时期,在订单数量稳定或增加的环境下,准时制库存是完全合理的。准时化的供应链使企业能够大大降低在仓库中储存零部件的成本。但几年后,当经济开始衰退时,由于订单数量不可预测,应用同样的系统出现了问题。由于没有足够的库存,企业在向客户交付产品时经历了长时间的延迟,或者企业需要支付昂贵的加急费才能继续交付。

没有适用于所有时间的绝对正确的模式,只有适用于特定时间的正确模式。即使在航天时代，正如我们将在第4章中讨论的那样，有时你也想给你的马套上马鞍。

## 与时代脱节的心智模式

当环境发生变化，旧的模式不再合适时，心智模式就会出现问题。肯尼思·奥尔森（Kenneth Olsen）使用了一个出色的微型计算机模式，将数字设备公司（Digital Equipment Corporation）打造成了信息技术领域的巨头。但是他对这种成功的模式非常执着，以至于他对个人计算机的兴起视而不见，这让公司陷入了困境。

我们的模式是如此强大、无形和持久，当旧的模式不再可以解释正在发生的事情时，我们会不断尝试使我们的经验适应它们。这些模式很难消亡，有时只有前一代拥护者去世时才会消亡。无须依赖消耗即可改变思维方式的情况是不太常见的。当比尔·盖茨（Bill Gates）终于意识到互联网对他的软件业务的潜在威胁，并决定重新调整业务重心时，他为他的员工制作了一盘录像带，向他们展示了商业和文化的名人，如史蒂文·斯皮尔伯格（Steven Spielberg）和查尔斯·施瓦布（Charles Schwab），他们表达了对互联网的热爱。这使得任何人都很难将互联网视为一群大学生的时尚或技术玩物。事情很严重，而且已经发生了。

## 心智模式的力量

掌上电脑是出色的机器——不仅因为它是技术奇迹，而且还因为它代表巨大的营销成功。最值得注意的是，它的成功代表了一种新的心智模式的胜利。

当苹果首席执行官约翰·斯卡利（John Sculley）于1993年推出牛顿（Newton）掌上电脑，首次宣布了个人数字助理（Personal Digital

Assistant，PDA）的概念时，它就被看成是下一代信息技术产品——一种微型手持式计算机，可以用作智能手机助手，随时提供日历和联系信息。但这个迷人的梦想很快就变成了技术噩梦。当时的技术还没有达到所宣传的程度。

牛顿掌上电脑的手写识别功能成了人们嘲笑的对象，在加里·特鲁多（Gary Trudeau）最受欢迎的《杜恩斯比利》（*Doonesbury*）系列讽刺漫画中就展现了该机器对手写输入做出了奇怪的识别。这可不是吸引人们关注新产品的理想方式。在斥资 5 亿美元收购牛顿掌上电脑之后，苹果公司终止了这一项目，但这为该公司后来的"濒死"体验奠定了基础。

但苹果公司并不是唯一一个这样做的公司。一家很有前途的初创公司 GO 公司在终止业务之前，花了 7 500 万美元推出了一款掌上电脑。总之，各公司花费了大约 10 亿美元试图将掌上电脑推向市场。1994 年，掌上电脑公司（Palm Computing）推出了一款价格高昂的名为"Zoomer PDA"的大型手机，在市场上铩羽而归。

但是，掌上电脑公司从这次经验中吸取了重要的教训，这让它可以基于一种完全不同的模式创造新款的"Pilot PDA"。首先，掌上电脑公司采用了另一种方法，而不是开发能够识别各种不同手写风格的复杂软件。公司创始人杰夫·霍金斯（Jeff Hawkins）曾致力于研究人类的认知和学习，他意识到，培训人类用户与机器进行沟通要比让机器理解用户书写的各种变化容易得多。

"人比机器聪明。他们可以学习。"他说，"人们喜欢学习。"

他创建了 Graffiti（原意为涂鸦），这是一种手写识别程序，用户使用一支笔即可选择修改过的字母。人类可以很快学会使用字母表，这使得机器识别更加高效和准确。霍金斯和他的团队还强调了尺寸和简单性，重新考虑了设备的各个方面，降低了成本。

心智模式的价值是什么？掌上电脑公司只花了 300 万美元就推出了新款机型，还不到据传苹果公司在牛顿掌上电脑上花费的百分之一。然而，这款产品却定义并主导了手持设备市场。在 1997 年，它赢得了《新闻周刊》

（*Newsweek*）的"年度高科技小发明"奖和《信息周刊》（*Information Week*）的"1997年最重要的产品"奖。

到2000年，它每年为掌上电脑公司带来的收入超过10亿美元。到2002年1月，该公司报告称，使用该公司操作系统的设备已售出2 000多万台，占市场份额的80%左右。

通过将心智模式从机器技术转变为机器与用户之间的交互和学习，霍金斯在思维上取得了突破，从而在市场上取得了突破。在许多人尝试过但失败了的地方，掌上电脑公司却跑完了"奇迹一英里"。（与班尼斯特一样，该公司随后发现自己面临着许多有着同样抱负的竞争对手）

技术在不断发展，每一代新技术都在寻找引人注目的新心智模式。各家公司正在尝试将手机和PDA合并，并增加视频等功能。带有小键盘的如黑莓手机等设备扩展了便携式设备发送电子邮件和其他信息的功能。这些变化取决于技术的发展，但也取决于我们的心智模式。什么是手机？它是你用来谈话的东西，还是用来管理多种形式的沟通的东西？PDA是什么？计算机是什么？每一种尝试改变人们使用的技术的方式，都是从尝试改变他们对技术的看法开始的。

## 心智模式的危险

就像新的心智模式可以推动掌上电脑公司等公司前进一样，过时的心智模式会使其他公司陷入困境。这些模式使这些公司无法"在四分钟内跑完一英里"。在线音乐业务表明了旧的思维模式是如何试图阻挡新秩序的发展潮流的。大多数大型音乐公司都关心如何保护自己的知识产权不受纳普斯特公司（Napster）及其文件共享克隆器的侵犯，他们利用法律诉讼和加密技术来保护自己知识产权（Intellectual Property，IP）皇冠上的宝石。

然而，消费者并没有持有这种模式。他们正在寻找更好、更方便的音乐访问方式。他们希望能够把音乐从家用设备传到移动设备上，或者与朋友分享新歌。从他们的角度来看，音乐公司和它们冷酷的知识产权律师只是在阻碍他们。

音乐公司将他们的客户视为门口的野蛮人，客户正等着攻陷他们的城堡，带走皇冠上的宝石，所以他们架起吊桥，往护城河里扔更多的短吻鳄。他们甚至起诉了消费者。这种防御性的心智模式使他们无法采用其他方法。结果他们成功地杀死了纳普斯特公司，但纳普斯特公司的概念变成了一只有九条命的"猫"。卡扎（Kazaa）和葛罗科斯克（Grokster）等其他网站迅速崛起，取而代之。当客户的一次进攻被击退时，会从不同的方向涌来更多的进攻。音乐公司必须冒着革命战火进一步蔓延的风险，与自己的客户开战。就像王后玛丽·安托瓦妮特（Marie Antoinette）说的："何不食肉糜？"历史告诉我们，这往往是让自己丧命最快的方式。

尽管该行业意识到一场革命正在进行，但由于受到其旧的心智模式带来的恐惧的压制，它的反应很微弱。音乐行业推出了"狂想曲"和"按键播放"等基于订阅的服务，但为了保护知识产权，音乐只能在订阅期间播放，而且很难或不能将音乐传输到CD或便携式播放器上。用户从未有过购买了CD后或基于订阅服务获取了音乐后拥有音乐"所有权"的感觉。这些订阅服务总共只吸引了大约35万用户，相比之下，有超过3 000万用户通过卡扎点对点网站分享了超过10亿个音乐文件。（尽管后一个数字是该公司自行报告的，但这让人感觉到订阅服务的用户规模相对较小）

固守旧模式可能要付出很大的代价。毕马威会计师事务所（KPMG）的一项研究得出的结论是，音乐行业对保护知识产权的关注导致音乐公司每年损失80亿至100亿美元的收入。

该研究得出的结论是，该行业需要重新思考自己为了阻止盗版而采用的加密或其他限制措施的商业模式，并且要专注于满足消费者的需求。每一个新级别的加密都会让消费者更难访问和传输音乐，这只会增强他们破解密码、制作数字副本和通过点对点网站分享音乐的新决心。2002年毕马威会计师事务所的研究发现，只有43%的音乐公司将他们的部分内容以数字形式提供。其余的公司则没有试图回应消费者。他们被自己的心智模式束缚。

## 转变对音乐共享的态度

虽然现在的公司可能会被不再有效的模式困扰，但机会之窗为后起之秀打开了。2003 年 4 月，苹果公司在 iTunes 音乐商店中推出了一项基于完全不同的心智模式的服务，该服务是根据消费者的需求而非版权建立的。就在音乐公司对共享文件的大学生发起新的诉讼之际，苹果公司创建了一个系统，允许用户以 99 美分一首歌的价格从包含 20 多万首歌曲的曲库中下载歌曲。这些歌曲一旦被下载，就可以刻录到光盘上或上传到其他设备上，除了防止大规模盗版之外，几乎没有什么麻烦，也不需要控制什么。尽管这项服务刚推出时只对使用苹果麦金塔（Macintosh）计算机的用户开放，但用户在头两天就下载了近 50 万首歌曲。在大约一周的时间里，用户下载的音乐数量超过了 18 个月来音乐行业限制性更强的服务分发的音乐数量。在运营的头两个月中，iTunes 音乐商店售出了 500 万首歌曲，苹果公司宣布计划在该年晚些时候向个人计算机用户提供这项服务。

苹果公司（作为 iPod 数字音乐播放器的制造商）在音乐行业中处于边缘地位，因此它在解决音乐行业首要任务的问题上似乎处于不利地位。然而，苹果公司的局外人身份赋予了它独立思考和行动的能力，让它可以做一些局内人做不到的事情——观察并根据一种强大的新心智模式采取行动。

当时的苹果公司首席执行官史蒂夫·乔布斯（Steve Jobs）意识到，过去的 CD 销售模式迫使听众购买整张 CD 来听他们喜欢的一两首歌，而现在这种模式可以被定制的单曲销售模式取代。乔布斯开发了一种分发数字音乐的模式，既保护了所有者的权利，又尊重了用户的需求。用苹果公司的广告宣传语来说，它有能力"以不同的方式思考"，这让它看到了有利可图的机会，而其他人只看到了新的威胁。

## 制造赛格威：新模式的坎坷历程

尽管音乐行业陷入了过时的模式之中，但赛格威（Segway）电动滑板车（旨在革新交通运输方式的创新型超级滑板车）的缓慢发展说明了新模式的另一个危险：这一想法过于超前。新模式很难在世界范围内推广，因为它们的进展在很大程度上取决于用户所感知到的效用。

赛格威这项新发明能让使用者在城市人行道上直立滑行，该滑板车可以根据人们细微的身体动作来改变速度和方向。脱口秀主持人在国家电视台的舞台上踩着它们，它们在《欢乐一家亲》（*Frasier*）等情景喜剧中充当配角。极具魅力的发明家迪安·卡门（Dean Kamen）将他的新产品视为交通运输领域的一项突破，认为它将遍布世界各地的城市人行道。他认为在 2001 年 12 月公开发布之时，赛格威电动滑板车肯定是有史以来宣传规模最大的产品，卡门预测到 2002 年底其公司将会每周生产 10 000 台滑板车。投资者约翰·多尔（John Doerr）预测，该公司的销售额达到 10 亿美元的速度将比历史上任何其他公司都快。但这事没有发生。

其他人有不同的看法。事实上，世界上大多数人都是如此。该滑板车的销量停滞不前，反对者不断增加。公司和个人潜在用户很快对它的新奇设计失去了兴趣，并开始认真考虑，与其他交通工具相比，赛格威电动滑板车的成本和效用。政府官员并没有一致认为这是城市生活的福音。相反，他们认为这是一个潜在的危险。旧金山等城市禁止在人行道上驾驶赛格威电动滑板车，他们认为这种车以每小时 12 英里的最高速度呼啸而过，会对行人构成威胁。

邮政运营商等赛格威电动滑板车最初的主要用户发现它笨重、昂贵，并抱怨其电池寿命短。除了那些热衷采用新技术的人以外，这对其他所有人来说成本都太高了。

以上这些挑战都是采用新技术的典型挑战，尤其是代表一种新的交通模式的挑战。第一代产品总是因为太贵、太笨重、太慢而无法被接受。然而，一项新技术的最终成功，尤其是当它呈现出一种新的心智模式时，在于其与其他方法相比的实用性。赛格威电动滑板车的缓慢进展让人们对它所基于的心智模式产生了一些疑问。为了满足大家的交通需求，自行车、滑板车和步行是当地最流行的交通方式。汽车和飞机对长途交通有更大的用处。问题是，在这些选项中，赛格威电动滑板车适合什么？人们将如何理解它？为了获得巨大的消费产品成功，它不应仅仅被视为技术玩具。这些心智模式真的可以以这种方式改变吗？

在第三部分中，我们考虑了从现有秩序转变（如行人和人行道的系统）和"适应性脱节"的挑战，这些挑战减缓了世界对新模式的接受速度。这些挑战影响了赛格威电动滑板车等新概念的发展轨迹，但是对于该模式的实用性甚至还存在更多的担忧。

这个案例说明了使用新模式来改变世界的挑战。即使是令人惊叹的技术和大胆的设想也不一定能保证比赛获胜。然而，唯一可以肯定的是，如果没有这种可能的心态，这场比赛根本无法进行。

## 人类精神百折不挠

在个人生活、商业领域和社会中，我们的模式束缚着我们的行为。新模式的力量可以带来像掌上电脑公司推出的"Pilot PDA"一样的成功。

旧模式的局限可能导致丧失机会，如音乐行业的知识产权之争。改变模式的难度可能会限制赛格威电动滑板车等新想法的传播。

在我们的个人生活中，我们看待饮食、锻炼和健康的方式可能会对我们预防和治疗疾病的方法产生重大影响。塑造我们人际关系和工作方式的模式对我们生活的质量和方向有很大的影响。我们关于业务问题（如增长或公司治理）的心智模式将为我们的企业带来非常不同的战略。

改变世界始于改变我们思考世界的方式。我们越了解心智模式在这个过程中的作用，我们就越能更好地认识这些模式、研究这些模式的优势及其局限性。我们可以维持那些让我们在世界上有效行动的模式，摆脱那些不必要的、束缚我们的模式。如果罗杰·班尼斯特把四分钟跑完一英里看作真正的身体上的极限，他可能永远也不会试图超越它。

认识塑造我们思维的模式，是开始理解和改变我们的心智模式的第一步。如果我们能够认识到，我们在任何特定时刻看到和思考的大部分东西都是来自内部而不是外部刺激，我们就会向前迈进一大步。随着我们对模式的认识不断增加，我们可以更容易地识别出它们的本质。看到《绿野仙踪》（*The Wizard of Oz*）中那个小矮人的身影，也许会让我们对《绿野仙踪》的神秘感和魔力有所了解，但它也可能揭示一些新的方法，让我们获得勇气、知识、同情心或其他我们所追求的品质。

理解我们的模式并改变它们常常看起来是一个不可能完成的挑战。但正如罗杰·班尼斯特克服了认为四分钟跑不完一英里的心态，我们一次又一次地看到了人类如何能够做到不可思议的事——航行到新大陆或穿过令人生畏的空旷空间把人送上月球。

改变我们的心智模式是完全可能的。一次又一次，人类已经证明了他们有能力克服看似不可逾越的障碍。正如班尼斯特所写的那样：

每个人都有奋斗的冲动。我们的社会和工作越受限制，就越需要为自己的渴望找到出路。没有人能说"你不能跑得比这更快，也不能跳得比那更高"。人类精神是百折不挠的。

## 超常规思维

- 在你的个人生活和工作中，有哪些类似于"四分钟跑完一英里"的障碍让你停滞不前？
- 你如何挑战它们？对于每个限制，问问自己：如果这个障碍不再存在，将会开辟什么可能性？我该如何摆脱这些障碍呢？
- 还有其他人已经在挑战这些模式的限制了吗？你能很快跟上他们的脚步吗？
- 采用这些新模式的挑战和风险是什么？这些新模式适合这个世界吗？

### 尾注

1. Bannister, Roger. *The Four-Minute Mile.* Guildford: The Lyons Press. 1981. p. 210.

2. 同上,p.184.

3. 同上,p.133.

4. 同上,pp. 69–70.

5. 同上,p. 229.

6. "Ryanair to introduce free travel in radical flight plan." *The Irish Examiner*. 15 May 2001.

7. "Hostess with the Mostest." *The Economist*. 26 June 2003.

8. Capell,Kerry. "Ryanair Rising." *Business Week*. 2 June 2003.

9. Dillon,Pat. "The Next Small Thing." *Fast Company*. June 1998. p. 97.

10. Palm,Inc. "Palm Completes Formation of Palm OS Subsidiary as Palm Powered Devices Hit 20 Million Sold." *PR Newswire*. 21 January 2002.

11. Reuters. "Study Raps Media Focus on Piracy." 24 September 2002. *Siliconvalley.com*.

12. Black,Jane. "Big Music:Win Some,Lose a Lot More?" *Business Week Online*. 5 May 2003. "How to Pay the Piper." *The Economist*. 1 May 2003. p. 70. Apple Computer. "iTunes Music Store Hits Five Million Downloads." 23 June 2003.

13. Rivlin,Gary. "Segway's Breakdown." *Wired*. March 2003. pp. 23– 149.

② 

# 第二部分

# 保持心智模式与时俱进

第 3 章　你应该换匹马吗
第 4 章　范式转换是双向的
第 5 章　发现看待事物的新方式
第 6 章　从复杂的信息流中筛选出有意义的东西
第 7 章　参与心智的研发

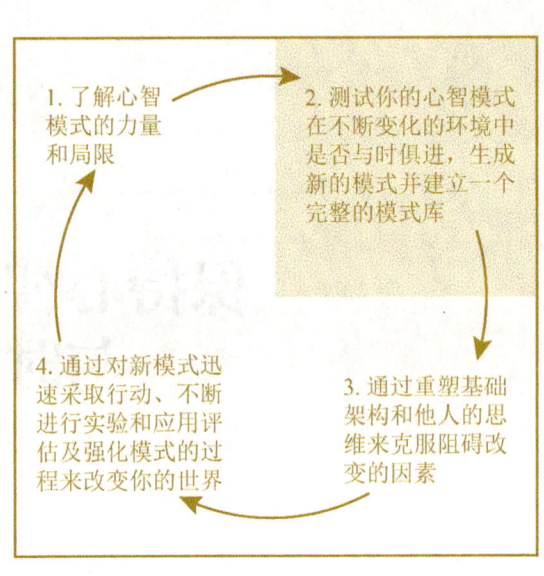

# 第 3 章

# 你应该换匹马吗

★★★★★

所有的成长都是在黑暗中的飞跃,是一种没有经验协助的、自发的、不可预见的行为。

——亨利·米勒(Henry Miller)

**你被劫车了。**

你现在坐在副驾驶座上，一个戴着滑雪面罩的男人在驾驶你的车的同时用枪指着你。你只有一刹那的时间来判断形势。他是打算杀了你，还是会把你扔在路上的某个地方？你的车门没有锁，所以你的脑海中闪过一个念头，那就是你可以从正在行驶的汽车上跳到街上去。但你能幸免于难吗？你是不是最好待在车里，面对你已知的危险，而不是跃入未知的世界？

你怎么知道现在是放弃你所知道的世界去追求新的世界的正确时机，即使你所知的世界已经变得危险？

在个人生活和商业生活中，你会经常遇到这样的岔路口。它们并不总是如此戏剧化，但选择可能同样尖锐，其含义也同样模棱两可。你将面临这样的选择：是保留可能行不通的旧模式，还是采用具有不确定影响的新模式？如果你在婚姻或工作中遇到麻烦，你是抛弃你现有的家庭生活模式或事业模式，还是无视问题坚持旧模式？你什么时候需要做出转变，以及你是怎么做的？本章从乔治·辛普森（George Simpson）的不幸故事开始，对这些问题进行了探讨，辛普森也许应该在他做出转变之前再仔细观察一下。

假设你是乔治·辛普森，于 1996 年 9 月接管了位于英国的通用电气公司（GEC）（与总部位于美国的通用电气公司无关）。在上一任领导者阿诺德·温斯托克（Arnold Weinstock）的领导下，GEC 已成为英国最强大的公司之一。这是一个非常成功的赚钱机器，在英国的国防、电力和电子行业占主导地位。

温斯托克曾以铁腕手段经营该公司 33 年，他在 20 世纪 60 年代引入了一种经营方式，在当时的英国可谓激进之举。他坐在办公室里，根据一套关键的财务比率管理着集团的 180 多家公司，当这些公司的财务比率低于可接受的水平时，他就解雇这些公司的经理。他很少走进自己的工厂，但他像鹰一样盯着这些数字。当他的经理在电话那头听到他的声音时，他们都吓得发抖。他消除了日常开支浪费，并制定了严格的控制措施。他通过大型收购来增加新的业务。

温斯托克没有给公司留下任何冒险的机会。他创造了一个非常成功的经营模式，这成了英国其他大公司的标准。

尽管至少根据温斯托克的衡量标准，他的机械模式和保守的业务策略获得了强劲的财务业绩回报，但这种低增长策略在繁荣时期受到了市场的惩罚。20世纪90年代中期，随着温斯托克任期结束的临近，GEC的股价一路下跌。希望获得增长的投资者正在投资进军微芯片或消费电子产品领域的GEC的竞争对手。温斯托克和他的经理想在现有业务的基础上再创佳绩，但他们并没有像其他竞争对手在计算机和电信领域那样，积极追求技术驱动的增长。

作为乔治·辛普森，当你第一天走进这座大楼时，你就接管了一家非常成功的公司，但这家公司已不再是投资者的宠儿。你坐拥超过20亿英镑的现金。你走进海德公园角（Hyde Park Corner）古板的办公室，坐在温斯托克的大椅子上，椅子上方挂有一幅他非常欣赏的赛马油画，你开始考虑自己的策略。GEC是一匹强壮的战马，但它肯定赶不上那些从它身边跑过、进入高科技赢家圈灵巧的纯种马。温斯托克的强大企业是否最终失去了立足之地？新技术正在改变竞争格局，并创造热门机会。显然，该公司似乎需要一种不同的模式。是时候换马了吗？你是坚持旧方法到底，还是使用新方法在公司留下自己的烙印？你会怎么做？

你在这些岔路口做的选择往往是你做的最重要的决定。你怎么知道旧的商业模式，以及它所基于的心智模式是已经过时了，还是仅仅需要重新调整？你怎么知道新的商业模式会不负众望呢？

在人们决定押注于哪种模式的时候，马一直在跑，一刻也没有停下。由于没有太多的时间来评估形势，人们往往会重复原来的押注，或者冲动地不断换马押注。

## 下注

对于这些选择从来没有简单的答案。在做出有关改变心智模式的决定时——无论是通过收购来实现公司的增长战略,还是通过控制饮食和体重来实现个人的"反增长"战略,你都面临着犯两种严重错误的危险。

- 掉队。第一个错误是坚持使用错误的模式而掉队。你这是在支持一匹老马,这匹老马早就该退役了。即你在信息时代以工业模式经营你的公司。你现在吃的是20世纪50年代的加工食品,而营养和运动方面的知识却在不断发展。其余的人,因为有了更好的心智模式呼啸而过,你被甩在了后面。直到你的损失越积越多或你的马倒了下来,你才发现新事物到来了。但有时已经太迟了。当辛普森接管GEC时,他一定担心温斯托克用来建立公司的模式在失去动力。在公司仍然有足够资源进行革命时,革命的时机似乎已经成熟。然而,当你放弃可靠的押注时,你可能会犯第二个错误。

- 押错了马。在转向一个新的心智模式时,你可能会在一个完全合适的心智模式还没被充分使用之前放弃它。一个更严重的后果是,你可能会转向一个比原来更糟糕的心智模式。当互联网初创企业和风险投资家说服世界关注的是流量而非投资回报率时,他们在一种关注有多少用户在浏览自己的网页,而不是有多少美元流入自己腰包的模式上押下了重注。在短短的时间内花了数十亿美元之后,许多投资者都摇了摇头,并以不同的视角得出了同样的结论,这让他们有些震惊。他们得出的结论是,在许多情况下,他们的押注是不明智的,因为其押注是基于一种模糊的、人们知之甚少的模式进行的。结果,他们损失惨重。这就是辛普森最终发现自己要面对的困局。

## 疯狂的旅程

辛普森显然认为是时候进行革命了。温斯托克称他的继任者是"有远见的人",他是对的。辛普森将公司从保守的海德公园总部搬到邦德街时髦的办公室，并将公司的名称改为别有情调的马尔科尼（Marconi），这表明他打算专注于电信这个高速增长的行业。该公司将旧的国防业务售给英国宇航公司（British Aerospace），全力进军电信行业。

马尔科尼现在有了股东梦寐以求的增长重心。辛普森把这家乏味的老式企业集团变成了一家充满活力、拥有高度专注力的高科技公司。正如鲜红的1999年年报所言："我们的未来……将是数字化的。我们将在获取、管理和交流信息方面处于领先地位。我们将乘着数据传输需求上升的浪潮，成为全球通信和IT领域的领导者。"

这个梦想很诱人。尽管有迹象表明电信市场正变得疲软，但辛普森仍坚持自己的世界观。他烧毁了自己的船，在这片异国的海岸上站稳了脚跟，已经没有回头路了。当北电网络、诺基亚和爱立信等竞争对手2001年第一季度销售额和利润下滑，发出警告时，辛普森却固执地认为电信仍是一个热门市场。2001年5月16日，他告诉股东："我们预计，市场将在今年年底前后复苏，复苏最初将由欧洲老牌运营商引领……我们相信，由于我们是这些运营商强有力的设备供应者，我们可以实现全年增长。"

正如评论员弗兰克·凯恩（Frank Kane）同年8月在《观察家报》（Observer）上所写的那样，尽管全世界都认为马尔科尼的梦想正在破灭，但辛普森仍拒绝放弃他的观点。也许，他太执着了。凯恩写道："一个月前被称为勇敢的决心，现在变成了任性的固执，以及对现实的盲目拒绝。"

马尔科尼的梦想变成了一场噩梦，因为该公司在电信行业的破产中被吞没了，这在全球给该行业留下了7 500亿美元的过剩资本支出和债务。2001年9月，辛普森和他的高级经理们已经从该摇摇欲坠的企业辞职。马尔科尼公司裁员1万人。辛普森接管公司时所拥有的20多亿英镑的储备已经用完了，取而代之的是40多亿英镑的债务。2002年7月温斯托克去世时，该公司股价从12.50英镑的高位跳水至4便士。他目睹了自己一手创建的这家曾经辉煌的公司濒临破产。

用英国广播公司的话来说，这是"英国公司历史上最严重的没落之一"。这个"有远见的人"怎么走错了路？马尔科尼的事业是建立在一系列假设之上的。2000 年，当电信运营商将超过 25% 的收入用于扩展网络时，他们对马尔科尼的电信设备和软件设备有着巨大的需求。反过来，这种需求是基于对用户快速增长和对带宽的无限需求的预测。这些预测过于乐观，在 2001 年这些预测失败时，该行业遭遇了产能过剩，并迅速削减了支出。在收购狂潮中，马尔科尼基于客户对该行业持续增长的认知，支付了高价为客户创建端到端解决方案。当这些增长预测失败时，马尔科尼的生意也崩溃了。所有这些变化都发生在几十年来电信行业因管制放松而产生改变的大背景下。

温斯托克和辛普森创建的商业模式基于完全不同的心智模式。温斯托克经营着一家非常保守、规避风险的企业，形成这一特点的原因可能是他童年时代是一名贫穷的移民。他根据数字经营生意。和蔼可亲的辛普森是七家高尔夫俱乐部的会员，他通过人际关系工作。他的事业是建立在做生意的基础上的。他把罗孚（Rover）卖给了宝马，并在职业生涯的早期完成了其他一些重大交易，这些交易帮助他出售了 GEC 的国防业务，并进行了一系列收购，以增强马尔科尼的实力。

两人都是凭借自己的世界观获得成功的，但他们都被各自的世界观蒙蔽了双眼。温斯托克对个人管理财务控制的依赖，可能导致他在任命辛普森为继任者时判断失误。辛普森对人际关系和交易的依赖，可能使他忽视了严格控制的重要性，而严格控制是经营企业所必需的。随着两人进入为 GEC 建立新业务模式的过程，他们做出了危险的举动，从经验最丰富的领域转向了不熟悉的新行业和运营方式。

要建立一个新的秩序，领导者必须能够坚持反对反对者，克服障碍。他们需要能够超越当今的局限性，去建立未来的业务。倡导新愿景所需的"勇敢决心"是在何时变成"对现实的盲目拒绝"的？

有几种心理力量倾向于让人们在应该理性放弃的时候，仍然坚持做一件事。第一个是"沉没成本谬误"。可以从那些在股票市场上目睹了一家公司的股价从 60 美元暴跌至 20 美元的投资者的行为中看到这一现象。此时，投资者可能不会客观地评估股票的潜力，而是会继续持有这只股票，或者购买更多的股票，以期收回这些"沉没成本"。但是如果公司倒闭了，就会有更多的损失。对某一特定项目持有大量投资的管理者，无论是在财务上还是在声誉上，都有可能在他们应该理性停止投资之后，还继续持有该项目。

一个影响我们判断何时退出的相关因素是冲突的升级。在竞争激烈的情况下，对某一特定项目的投资可能会达到不可思议的水平。例如，在一个拍卖游戏中,两名竞争者出价竞购一美元(获胜者支付最后两个人出价的总和)，竞价通常以获胜者支付三到五美元获得一美元结束。导致这种冲突升级的因素很多。一开始，可能是为了赚钱或防止未来的损失，但随着出价的增加，弥补损失或只是胜过对手变得更加重要。在美元拍卖中，这种出价的荒谬性是非常明显的，但同样的原因会导致更高的出价（如欧洲的 G3 无线拍卖）和更严重的"赢家诅咒"。辛普森致力于转变 GEC 的行动方针后，尽管损失在不断增加，但他却很难回头了。

这并不是说 GEC 应该继续走温斯托克设定的路线。他对企业集团进行集中财务控制的模式在 20 世纪 90 年代末可能过于老旧了。也许，是时候做出改变了，尤其是在市场对这些公司的估值不高的情况下。关于转变太慢的公司也有其他的警示性故事——施乐（Xerox）在 20 世纪 80 年代看到它的业务被竞争者夺走，十年后 IBM 看到它的业务被个人计算机抢去，西尔斯（Sears）看到它的百货商店被新的零售模式蚕食。IBM 太过专注于大型机的开发，忽略了它在计算机领域的总份额正在下降的事实。西尔斯如此专注地观察百货商店的竞争对手，以至于忽视了不同的小众零售模式的兴起，这些零售模式正在抢走服装或硬件业务。比赛铃响时，站着不动是很危险的。

辛普森的悲剧故事强调了转变心智模式的内在困难。如果电信公司实现了它们令人震惊的美好预言，那么辛普森将是一位有远见卓识的英雄，他将把自己的公司引向一个大胆的新方向。然而与此相反，他几乎挥霍了自己公司的全部资产，灰溜溜地离开了赛场。但是，他本来还有其他的选择，而不是把整个公司押注在一个新的方向上。

## 知道何时换马

值得赞扬的是，辛普森和温斯托克确实认识到了世界正在改变，GEC 需要改变。认识到这一点是第一个挑战，因为人们往往直到为时已晚都很难发现旧模式存在问题。虽然企业可能会因竞相转向新模式而失败，但其他企业也会因停滞不前而消亡。你如何识别何时需要改变自己的心智模式？

- 当旧的模式消逝后，你没有选择。你需要放弃旧模式最明显的时刻是"老马走路蹒跚并摔断一条腿时"。当你面临旧模式带来的严重危机或失败时，毫无疑问，你需要找到一个新模式。当你不得不放弃当前的马时，你可能会发现自己已身处路边，没有交通工具了。当你在各个领域的旧模式失败时，你将面临失去健康、损失企业利润或破坏社会繁荣的风险。你等了这么久才采取行动是有危险的。在遇到全面危机之前，你如何能预见麻烦的到来？

- 注意异常情况和"最小可觉差异"。在心理学中有一个概念叫作"最小可觉差异"，是指那些可以被觉察到、但会因标准化而被抹平的差别。当你看到不适合当前模式的东西时，你会进行调整。在电影《黑客帝国》（*The Matrix*）中，主角们生活在一个他们认为是真实世界的模拟世界中，只有通过程序中的小故障，他们才能超越这种幻觉去看这个世界。大多数时候，人们会将他们所看到的差异进行标准化，这会给他们带来麻烦。房间里的温度慢慢上升，直到你出了一身汗，你才会意识到这种变化。你不会去注意胸痛或缺乏活力的症状，直到这些症状发展成为严重的疾病。像摩托罗拉这样的公司在制造模拟无线电话时，其所在行业正在转向全球数字标准，但由于其当时的业务很成功，所以未能足够快地认识到世界正在发生变化。因此，它被迫将相当大的市场份额拱手让给诺基亚、爱立信和其他公司。

这些微小的差异通常是微不足道的，但有时它们会成为严重的问题。如果你系统地关注它们，就可以识别何时应该重新考虑你的心智模式。你对自己、企业或社会越傲慢，就越需要警惕这些异常，并从不同的角度观察它们，以了解它们的含义。作为一个有多年经验的成年人，你可能需要有意识地花时间和年轻人坐下来聊聊，或者进行广泛阅读，或者寻找与你的想法截然不同的观点。

一个成熟的企业可能需要创建报告边缘信息的流程，而不仅仅是查看平均值或一直跟踪的统计数据。这些过去的数据会告诉你你去过哪里，但不会告诉你你要去哪里。你需要寻找表明你的旧模式不起作用或显示了新模式潜力的差异。

- 避免认知锁定。要看到这些微小差异的挑战之一是"认知锁定"。人们会变得过于固守一个单一的世界观，因此过滤掉了所有与这个世界观相冲突的信息，并且无法看到另一种可能的解释。在发生灾难性爆炸之前，"挑战者号"航天飞机上的O形圈明显就存在问题，但这些问题被归因于制造过程中的质量控制，而不是低温的影响。通过制造业或工程业的专业培训角度来看待挑战，发现不了真正的问题。如果你学的是市场营销，你就会把问题看成市场营销的问题。如果你学的是金融，你会从投资回报率和现金流的角度来看待所有事情。
- 建立一个早期预警系统。识别细微差异和避免认知锁定的一种方法是创建早期预警系统来识别环境中的特定变化。

你需要建立早期预警系统，以便知道何时应该更仔细地关注你的模式。罗伯特·米特尔斯塔德（Robert Mittelstaedt）指出，许多严重的空难或核事故都是由一连串的错误造成的。我们通常有很多时间可以识别和解决最初的错误，但是我们会忽视这些错误，直到酿成重大事故。化学公司和其他公司已经发现，对"未遂事故"进行分析是非常有效的，我们不应坐等重大事故的发生。重大事故通常会促使我们进行彻底的分析，但"未遂事故"常常会被忽略。经理们擦了擦眉毛，就回去工作了。通过系统地识别和理解这些"未遂事故"，公司可以获得更深刻的教训，并解决潜在的问题，避免出现非常严重的错误。

早期预警系统应建立在实时反馈的基础上，并设置进行行动或更深入调查的触发线。基本控制系统中的任何延迟或滞后都会导致系统不稳定。触发线的设置应该基于你对当前模式的理解。如果你知道当前模式的极限，以及该模式所基于的假设，那么你就可以监测什么时候越过了极限，什么时候假设失败了。

这些触发线并不是温斯托克所监测的那种绝对的比率界限，而是用于提示需要在某个领域加强审查的事件。例如，信用卡公司为一定程度的客户投诉率上升、员工或客户流失、平均购买量减少或信用卡使用频率下降设置触发线。信用卡公司还设置了检测欺诈的触发线。如果客户使用的信用卡超出了他或她的正常模式或地理范围，公司将停止提供付费服务，直到客户验证身份为止。

触发线和早期预警系统的问题在于，它们有时会让你看不到环境中更大的变化。触发线是基于当前模式中可能发生的事件的预想场景设定的。你可能根本无法预料到其他的事情可能会从另一个方向悄悄靠近你。

为了将关键绩效指标展现在企业的管理人员面前，公司正在开发"数字仪表板"，这些仪表板倾向于将管理人员的注意力集中在一些关键指标上。温斯托克关注的财务比率并不能让他认识到投资和电信行业的变化。

你越是依赖系统来指导你的行动，你就越有可能失去发现新事物的直觉。除了这些用于运行业务的更严格的系统之外，你还需要建立灵活的指标和监控。你需要"手握方向盘"的触觉体验。最好的赛车手不一定是那些拥有最好的仪表盘的人，而是那些对道路感觉最好的人。你需要时不时地将目光从仪表盘上移开，抬起头来，看看前窗和侧窗，以确保你确实在朝着正确的方向前进。

- 透过客户的眼睛看世界。想要对你的产品或服务有一个全新的认识，方法之一就是透过客户的眼睛去看自己的公司。太多的公司专注于内部，而客户可以提供一个全新的业务视角。
- 认识时尚。当人们决定抛弃旧的心智模式时，他们会变得更容易受潮流的影响，追逐那些出现在地平线之外的海市蜃楼。然而这可能会大错特错，就像辛普森对电信行业发展的看法一样。同样，在个人生活中，当你开始改变你的传统饮食习惯时，你可能会面对各种各样的时尚饮食习惯，其中有些饮食习惯可能是基于截然不同的心智模式的。有些是通过服用药片或饮用强化饮料来代替食物；有些则几乎把所有的红肉都去掉，鼓励吃高纤维、低热量的食物；而其他的，如阿特金斯饮食法，限制碳水化合物的摄入，但允许摄入无限的肉类和奶酪。巴里·西尔斯（Barry Sears）的40-30-30区域饮食法要求摄取的碳水化合物占总摄入食物的40%、蛋白质占30%和脂肪占30%。有些饮食法是基于在特定的日子里吃所有你能吃的特定食物，或者是无限制地吃特定的食物，如卷心菜汤；而另一些饮食法是在禁食期间不吃任何食物。有些饮食方法是放之四海皆准的方法，而其他方法，例如，彼得·德戴蒙（Peter D'adamo）在《适合您的血型的饮食》（*Eat Right for Your Type*）中提出的方法，是根据特定血型量身定制饮食——书中建议O型血的人采用猎人-穴居人饮食，而A型血的人则要多吃素食。所有这些饮食方法都是正确的吗？

在评估潜在的新模式时，你需要进行严格的分析。得出结论的依据是什么？这种模式真的能实现目标吗？这种新的心智模式在哪些方面造成了一系列不同的盲点？你如何保护自己不受这些盲点的影响？

● 认识你自己。根据你自己的经验，你在转换模式时可能会遇到各种陷阱。一般来说，没有经验的人往往会很快接受新模式，而大多数富有经验的人都倾向于长时间坚持旧模式。通过了解自己，我们可以更好地避免被已有经验或缺乏经验蒙蔽。

如图3.1所示，年轻人或初创企业具有很高的差异性，他们能够以全新的眼光看待世界，但行动能力却相对较弱。随着年龄的增长，他们会达到一个最佳状态，在这个状态中，他们既能认识新事物，又有能力根据相关见解采取行动。但随着愈发成熟，他们仍擅长将事情做好，但会越来越被束缚在陈旧的模式中并且无法识别新事物。他们已经积累了相当多的经验，他们倾向于用这些经验来解释一切，不管这些解释是否符合实际。最终，随着行动能力和创新能力下降，个人或企业将走向衰亡。

仍在形成自己的流程和思维模式的年轻人和初创企业常常在面对新思想时采用具有灵活性和开放性的态度，这种灵活性和开放性可能会导致他们倾向于从一个时尚变为另一个时尚，仅仅因为新奇而去追求新的模式。

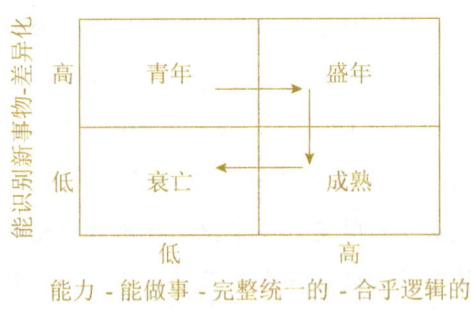

图 3.1　认识你自己

另外，在成熟的个人身上和企业中更常见的保持现状的方法，会导致一种忽视新机会和新思维方式的倾向。这就是温斯托克所采用的方法，尽管他周围的世界正在发生变化，他仍然固执地坚持自己的旧模式。如果你的企业很成熟，那么危险就是你会押错马，错过环境的变化，因为所有新信息都将被强制拟合到旧模式中。随着年龄的增长，你将拥有丰富的经验和完善的心智模式，虽然这对你很有帮助，但这既是福也是祸。当你完成任务的能力逐渐降低并且新事物变得越来越难以处理时，死亡随之而来。

尽管很多人都认为应该通过自我改造来保持年轻，但在身体发育的过程中，人们别无选择，只能沿着这条道路从年轻走向死亡。企业通常会对认为他们正在走向衰落的看法做出反应，试图重塑自我，并引入新的领导层，就像 GEC 在辛普森到来时所做的那样。这对企业来说是一个转折点，也是一种潜在的危险，就像心脏移植一样。在尝试从旧的心脏过渡到新的心脏的过程中，患者可能会获得更长的寿命，也可能会在手术台上失去生命。

一些来到赛马场的游客会倾向于选择他们熟悉的马和骑手。另一些人则倾向于换来换去，支持任何刚进入起跑线的热门新骑手或新马。这两种倾向都会导致某些错误。了解你如何处理转换新心智模式的过程可以帮助你提高警惕，避免犯错误。

- 当心中年危机，不要拖延改变。由于拖延改变，成熟的个人和企业有时会遭遇"中年危机"。他们会在很长一段时间内避免改变，直到非改不可的时候，才做出巨大的变革，结果往往不尽如人意。企业的"中年危机"的影响可以从辛普森的决定中看出。这种影响也可以从20世纪90年代末那些长期排斥互联网的公司后来对互联网的全心投入中看出。在更为个人化的"中年危机"中，有的人可能会放弃面包车，选择跑车；放弃多年的婚姻，重新回到年轻时的酒吧去约会；或者放弃稳定的职业，开展新的商业活动。有些人用此方法成功地重塑了自己的生活，但许多人在这个过程中破坏了家庭关系和事业，最后却没什么成果。他们会对旧的心智模式感到沮丧，并最终抛弃它，采用新的心智模式。

- 使用实验来避免冒险行动。避免"中年危机"和最大限度地减少巨变的一个方法就是进行持续的适应性实验（我们将在第7章中讨论这些方法）。尽管亨利·米勒认为，在黑暗中进行冒险对于成长是必要的，但冒险并不总是必要的，也不一定非得在黑暗中。人们经常以简单、二元的形式提出选择（留下来或跳起来，躺在GEC的桂冠上休息或重塑它的未来），但通常还有更多的选择。一个新的心智模式所呈现的岔路口更为复杂，如图3.2所示。在这些决策点上，你可以决定保留现有的模式而不更改它；也可以像辛普森那样，抛弃旧模式，采用新模式；或者进行实验，监测并根据需要修改或调整你的模式。

如果进行了更多的实验，辛普森本可能会以更低的成本发现他的模式的弱点。但你需要注意不要以"实验"为借口来避免做出必要的大胆改变。然而，在很多情况下，如莎士比亚所说："谨慎是勇敢最好的部分。"既然你可以设计出既能提供真知灼见又不那么危险的实验，为什么还要冒这么大的险呢？

实际上，选择的自由度比图3.2所示的还要高。你可能不需要在旧模式和新模式之间进行严格的选择。相反，你可以开发一个模式库，并应用适合特定情况的模式。辛普森不必放弃温斯托克的旧比率和控制的方法。这些方法体现了相当多的智慧，即使创建了新模式并朝着新方向发展，这些智慧也本可以很好地为新企业服务。这样，范式转变就不是绝对的、不可逆转的，而是"一条双向的道路"，如第4章所述。

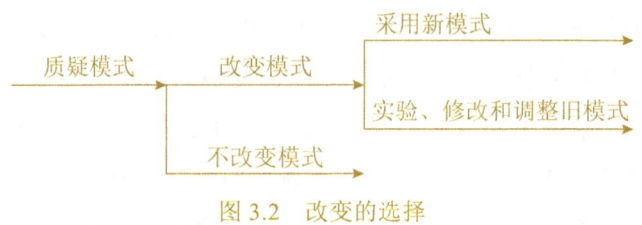

图 3.2 改变的选择

## 去赛马

马已经跑出了起跑门。你的生活和你的事业继续快速前进。你已经把你的投资投在了一个给定的模式上,到目前为止它可能一直为你服务。现在该换马了吗?如何避免 GEC 在转换业务和心智模式时所犯的错误?你怎么知道什么时候该换马?你如何避免犯下一系列错误?

即使在最好的情况下,你所有的投资并非都能得到回报。本章讲述的辛普森做决定的故事,是后见之明,并不旨在批评个人。每个人都犯过类似的错误——尽管可能没那么严重。重要的问题是:接下来你能学到什么?

既然心智模式决定了你的现实,那么你对心智模式的理解——以及知道何时改变它们——决定了你成功的机会和失败的风险。接下来的内容将讨论在新旧思维模式之间建立桥梁,进行适应性实验并应对复杂性挑战的过程。通过这些方法和其他方法,我们可以认识到改变和朝着既不冒险也不黑暗的方向前进的必要性。

## 超常规思维

- 你目前的心智模式是如何运作的?这些心智模式在哪些方面失败了?你需要换匹马吗?
- 你会采用哪些新的模式来重新思考你的事业或个人生活?
- 在全心全意地采用这些模式之前,可以通过哪些低成本、低风险的方法进行实验来测试这些模式?

## 尾注

1. Miller, Henry. *The Wisdom of the Heart*, ©1960 by Henry Miller. Reprinted by permission of New Directions Publishing Corp.

2. GEC Annual Report and Accounts. 1999.

3. Randall, Jeff. "Where Did Marconi Go Wrong?" *BBC News*. 5 July 2001.

4. Kane, Frank. "Steer Clear Until Simpson Goes." *The Observer*. 19 August 2001.

5. "Obituary: Lord Weinstock." *The Economist*. 27 July 2002. p. 85. Heller, Robert. "A Legacy Turned into Tragedy." *The Observer*. 19 August 2002.

6. Staw, Barry M. "The Escalation of Commitment to a Course of Action," *Academy of Management Review*, Vol. 6, No. 1 (October 1981), pp. 577–587.

7. Shubik, Martin. "The Dollar Auction Game: A Paradox in Noncooperative Behavior and Escalation," *Journal of Conflict Resolution*, Vol. 15, No. 1 (March 1971), pp. 109–111.

8. Teger, Allan T. *Too Much Invested to Quit*, New York: Pergamon Press, 1980, pp. 55–60.

9. "Want to Avoid a Firestone-like Fiasco? Try the M3 Concept." *Knowledge@Wharton*. 28 September 2000.

10. 这是基于获得诺贝尔奖的生物学家杰拉尔德·埃德尔曼（Gerald Edelman）的一部翻译著作。

# 第 4 章
# 范式转换是双向的

诸事往往过犹不及。

——伯特兰·罗素(Bertrand Russell)

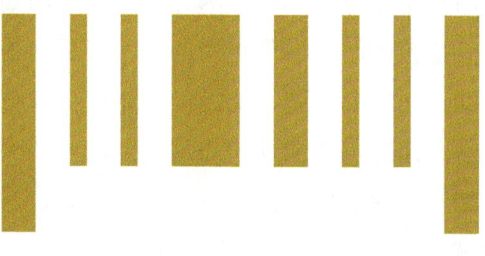

**你查看了你的电子邮件。**

然后你打印出一些信息,墨水在纸上形成单词。这种打印方式和字体原则上可以追溯到谷登堡(Gutenberg)在 15 世纪用来革新通信方式的印刷机。即便如此,你的办公桌并不总是反映出半个多世纪前的这种范式转变。你翻遍最上面的抽屉,手指越过铅笔和圆珠笔,找到了你那支漂亮的钢笔,那是你女儿送给你的礼物。你在一张用厚纸做成的小卡片上写下感谢的文字,这是可以追溯到公元 105 年或更早以前中国的一项突破性发明。你贴上邮票,准备去邮局。在路上,你买了一份报纸,打开收音机收听最新的新闻。晚上回到家后,你也会看电视、看视频、看书和上网,或者你可能会决定出去看电影。

这是怎么回事?当通信领域的每一次范式转变发生时,就有人预言会爆发一场革命推翻旧秩序。然而旧秩序依然存在——就像传统的阿米什农民在现代世界中保持着旧的生活方式一样。为什么?因为旧的方法有一定的价值和效用。有时你可能把范式转变看作绝对的、不可逆转的革命——一张通往世界新秩序的单程票。如本章所述,范式转换通常是双向的。

当汽车时代来临,你为可怜的马鞭和马具制造商感到悲哀,对吗?他们是典型的"范式转变"后守旧落伍的人——从由铁匠、马贩和马鞭制造商支持的马车运输的旧模式转变到具有汽车、铺设好的高速公路和加油站的新模式。"老马经济"收拾好行李,离开了小镇,对吗?

没那么快。交通运输方式发生了巨大的变化,马的角色也发生了变化,但骑马的旧模式并没有消失。马并没有像人们预期的那样全部被送到牧场。它们的用途改变了,但马蹄的撞击声仍在大地上回荡。马已经从实用的工作工具转变为娱乐工具——然而在一些地方,甚至现在仍然需要"劳力马"。实际上,据华盛顿巴伦特集团(Barents Group)估计,美国大约有 690 万匹马,有 710 万人从事与马有关的工作,为美国经济贡献了数十亿美元。所有这些意味着仍然有一些人在制作马具和马鞭。

除了娱乐用途以外，在某些情况下，马比其他交通工具更有优势。例如，它通常是牧场和农场运输的首选工具，或者是在机动车辆可能太吵或太危险的城市街道和公园巡逻的首选交通工具。马也具有怀旧或情感上的吸引力，如我们在婚礼上看到的马车。

这并不是说马会在我们的高速公路上"卷土重来"，而是说即使在火箭时代，骑马的旧模式仍然可行。

## 旧事物，新事物

新范式和旧范式可以并存，而不是像新范式的倡导者经常描绘的那样——从一个范式到另一个范式的转变是绝对的、不可逆转的。如果我们认识到这一点，我们就可以采取务实的方法，在处理任何给定的问题时从新旧范式中进行选择。在机动车辆最有用的地方，我们就使用机动车辆；当马能更好地解决问题时，我们愿意回到旧的模式。我们既不是教条地反对新事物，也不是自以为是地追逐新事物。我们综合考察了所有的模式，并选择了其中最合适的一个。

这样，范式转换就是一条双行道。我们可以在新旧范式之间来回转换，正如在许多领域都可以看到的那样（参见补充资料"双行道"）。

**补充资料**

### 双行道

互联网。在互联网革命开始的时候，人们认为这种革命性的新通信方式会取代旧通信方式。金融服务公司的核心被动摇了，因为像翼展（Wingspan）这样的新兴公司声称要消除分支银行的业务；书商担心他们的商店会变成亚马逊扩张的分支机构；杂货零售商胆战心惊，因为威普旺（Webvan）等公司提出，在超市推着购物车购物的方式是不合时宜的。

现实情况是，互联网被整合成一个"呼叫、点击或访问"的综合渠道。像巴诺书店（Barnes & Noble）、特易购（Tesco）或嘉信（Schwab）这样成功的公司为他们的实体店提供了强大的在线功能，但是顾客可以选择按照旧模式、新模式，或者两者结合的方式进行交易。虽然嘉信理财公司有不少客户都在网上进行交易，但大多数客户更喜欢在实体办公室开立账户，然后存入他们辛苦赚来的钱。

无纸化办公。我们的"无纸化"办公室比以往使用了更多纸张。根据美国造纸博物馆的报告，在信息时代，美国每个人每年消耗大约675磅的纸张，我们每年总共阅读超过3.5亿份杂志、20亿本书和240亿份报纸——这些全部都是用纸印刷出版的。尽管我们有圆珠笔和其他各种创新的书写工具，我们仍然在使用钢笔和铅笔写字。所有这些不同的模式仍然存在，因为它们是某些用户或在某些情况下的首选。

电视。人们期望电视革命能消除人们对收音机的需求。如果人们可以在听到声音的同时看到图像，为什么还要选择只能听到声音的方式呢？虽然收音机可能已经从客厅的"中央宝座"上撤了下来，但旧的收音机收听模式仍然是解决问题的可行方案，如在开车或在其他可能出现视觉图像干扰的情况下，可以通过收音机保持与外界的联系。旧模式在继续进化和变异的过程中也焕发了新生。基于最少的广告和订阅模式的数字卫星广播，可提供大量覆盖全国的内容选择。同样，随着家庭影院系统的发展，有报道说电影院可能会从此没落，但事实并非如此。书籍和报纸也依然存在。

模拟模式和数字模式。数字手表的兴起并没有使其取代指针式手表。这也许反映了传统，但也反映了看待世界的不同方式和不同的偏好。这两个模式同时存在，不同的人在不同的情况下会选择以不同的模式显示时间。例如，在汽车中，大多数时钟都是数字时钟，这可能是因为它们更容易集成到仪表盘中，而且在高速行驶时更便于阅读。另外，大多数速度计是传统指针式的而不是数字式的（虽然也有数字式的），也许是因为传统指针方式是一种更好的直观显示速度的方式。数字模式和模拟模式继续并存，汽车、时钟和其他应用程序的设计者可以选择最适合特定应用程序的模式（或者把选择权留给消费者）。甚至一些看似传统指针式的速度计都是数字控制的，这样驾驶员只需轻轻按一下开关就可以从每小时英里数切换到每小时公里数（速度计上无须显示常用的双标度）。虽然人们在努力创建一个统一的模式，但这种将模拟和数字相结合的"双行道"解决方案，也是解决另一种仍然顽固存在的双重模式（英制和公制）的方法。

航空公司。西南航空（Southwest）、易捷航空（EasyJet）和瑞安航空（Ryanair）等廉价航空公司正在挑战旧的航空旅行模式。凭借精简的设施和路线，这些公司提供的"豪华巴士服务"的票价比主要航空公司要低得多。虽然这些公司非常成功，但主要的航空公司并没有因此而破产。两种模式并存（至少目前如此），旅行者可以根据自己的喜好或情况选择其中一种。瑞安航空还通过将96%的预订移至其网站而不是旅行社来减少管理费用。旅行者可能会选择乘坐传统的大型航空公司的航班进行商业旅行，而选择乘坐廉价航空公司的航班进行个人旅行。

航空旅行者也可通过各种各样的方式来预订他们的旅行，包括旅行社、像速旅公司（Travelocity）这样的网站或者像普利斯林（Priceline）这样的自己定价的网站。

保护隐私。一方面，个人有绝对的权利来保护自己尽可能多的隐私；另一方面，对安全的考虑又会超越隐私权。这些不同的观点将继续影响未来有关保护隐私的争议。

通风系统。落基山研究所（Rocky Mountain Institute）对华盛顿特区的白宫和行政办公大楼进行翻修时，重新打开了原本通风系统的一部分，该系统曾运转得很好，但被废弃了。该通风系统不符合目前流行的空调系统模式的要求，当前的模式要求具备密闭性良好的建筑、中央空调及供暖系统。落基山研究所的设计师试图创建环保的"可呼吸建筑"，挑战目前流行的模式。他们发现旧系统中有很多可取的天才之处。

婚姻生活。当夫妻结婚生子时，他们就放弃了单身生活的心智模式，而采用新的为人父母的心智模式。突然间，他们开始开厢式车，担心自己的孩子进不了最好的幼儿园。但是，这并不意味着他们完全放弃了个人的单身生活。他们在承担新的作为父母的职责的同时，可能仍然保留了以前的兴趣、爱好，他们也可能会花一些时间来吃一顿浪漫的晚餐或与朋友外出过夜。

管理风潮。正如在第3章中所讨论的那样，每一种新风潮似乎都是一场绝对的革命，但通常事实证明，这并不是绝对的革命。总体质量、流程重构和其他使业务正常运转的模式都有一定的道理，但并非全部都如此。以极大热情追求这些方法的公司往往会对随之而来的糟糕结果感到失望。在重组过程中，一些公司抛弃了旧的模式，如注重人力资源和员工动机，认识到员工不只是流程车轮上的齿轮。然后，这些公司不得不经历重建旧模式的痛苦过程。有时，最成功的实现方式与革命无关，而更多地与将新思维模式整合到当前企业思维方式中有关。

医学。治疗和研究变化如此之快，以至于一位医生兼老师曾说，现今他们在医学院教授的内容有一半是错误的。虽然人们最初认为，通过使用β受体阻滞剂降低心率来治疗高血压会危及心力衰竭患者的生命，但十年后的研究表明，这些β受体阻滞剂可以降低心力衰竭患者的死亡风险。一些古老疗法已经被重新用于治疗关节炎引起的疼痛。随着医学研究成果的迅速涌现，医学模式也在不断发展。

## 科学革命的顺序

托马斯·库恩（Thomas Kuhn）通常被认为是"范式转变"（Paradigm Shift）概念的创造者，他在其20世纪60年代出版的著作《科学革命的结构》

（*The Structure of Scientific Revolutions*）中提出了这一概念。

他提出了这样一种观点，即科学有时并不是通过在特定框架内的进化而进步的，而是通过突然跃升为一种新的观察世界的模式而进步的。当旧理论不再适用或理论之间的内部矛盾被发现时，"常规科学"时期的旧模式就会被危机打破。例如，牛顿物理学未能解释光的运动，促使爱因斯坦将相对论发展为一种新的范式。

库恩所讨论的"范式"与我们所说的"心智模式"类似。它是一种模式或模型，试图解释我们看到或试图理解的东西，尤其是在智力活动中。然而，库恩和他后来的追随者经常把这种向新心智模式的范式转变描述为单向的、绝对的和不可逆转的。与应用了视错觉的格式塔翻转不同（你先看到年轻的女人，然后看到年老的女人，你可以在她们之间来回转换），库恩说，科学家无法在两种观察方式之间来回切换。结果，正如史蒂文·温伯格（Steven Weinberg）评论的那样，这场革命看起来"更像是一种思想的转变，而不是一种理性实践"。

事实上，科学家们确实能在不同的观察方式之间来回转换。在物理学入门课程中，教授会讲授牛顿力学和詹姆斯·麦克斯韦尔的场论，因为它们在解释世界中存在的现象方面仍然有价值。不同的模式可以并存，学生和研究人员可以用它们来解决特定的问题。

虽然新模式通常是基于它们的实用价值而被采用和应用的——汽车在运输方面的价值远远高于马——但这可能会导致对新模式的狂热应用，超出其真正的实用价值。例如，一旦人们开始使用机动车辆作为交通工具，他们就开始开车到只在几个街区外的商店，甚至开车20分钟到健身中心只为了在跑步机上步行。他们不再仔细研究模式的真正效用，这通常是因为范式转换被认为是单向的。他们放弃旧的模式而选择新的模式，而不是将新的模式纳入可能的模式库中。

也许库恩自己已经陷入了人类思维最古老的范式之一——一个黑白分明的世界。如果有两个选择，我们总想找出到底A与B哪个更好，而不是同时选择两者。我们总想当一个明确的赢家，并且对最近的选举等模棱两可的情况感到非常不满。

对确定性的渴望往往会促成一个从旧心智模式到新心智模式的"转换"过程，而这些热衷转换的人又成为新模式最热情的倡导者。这种情况在许多管理风潮中都会发生，在这些管理风潮中，企业将完全转向新的模式，忘记过去的智慧，或者未能从更广阔的角度来看待自身。他们没有把新模式看作解决组织挑战的有价值的工具，而是像拿锤子一样将其握在手中，并将每个问题视为钉子。

我们的目标不是推翻旧秩序。一些变革的倡导者，如董事会下一个伟大管理风潮的倡导者，只强调坚持我们当前心智模式的危险。在这本书中，我们表达了更务实的观点。我们需要认识到我们的心智模式是什么，这样我们才能知道它们何时为我们服务，何时会让我们失望。我们需要理解旧的秩序，并探索可能更有用或更适应环境变化的新秩序。尽管革命总是具有吸引力，但它往往伴随着与固守现状同样或更大的危险。

## 有时我们只往一个方向走

虽然认识到范式转换通常是双向的是很重要的，但这并不意味着我们要沿着两个方向前进。

有时我们只会往一个方向走，从旧的范式到新的范式。电子邮件是满足当今许多通信需求的较好解决方案，但如果我们没有忘记纸和笔的存在，并考虑它们是否是满足某些通信需求的较好解决方案，我们的境况会更好。旧模式不会消失，但是它们可能会被束之高阁。

即使在西药疗法占主导地位的情况下，我们也看到了其他疗法的兴起或复兴，如维生素和补充剂疗法、顺势疗法、针灸和脊椎指压疗法，这些疗法基于一种与西药疗法非常不同的疾病治疗观点。鉴于其他疗法的效用或当前治疗模式的潜在危险（如传统医学治疗的严重副作用），其他不受重视的疗法可能会重新成为主导治疗模式，或者这些模式可能会在某一特定人群中成为主导治疗模式。

"补充治疗"或"整合治疗"采用了一种双行道的做法,将古老的治疗传统与现代科学医学相结合。一些人可能采用其他疗法作为主要的治疗方法,把药物和手术作为最后的手段;而另一些人可能只对非常轻微的疾病采用其他疗法。在不同的领域,每种疗法的效用是不同的,但是那些处于极端的人(教条地反对其他疗法或绝对反对西药)的选择会因此受限。

公众舆论和法规的变化可能意味着某些行为或心智模式的"死亡"。20世纪50年代,社会是接受吸烟的,电影男演员和女演员可以在屏幕内外吸烟,但因为严厉禁止在飞机、餐馆、办公室和其他公共场所吸烟,吸烟越来越不被接受。尽管人们对吸某些类型的烟越来越感兴趣,如雪茄的日益流行,但吸烟不被接受这一趋势似乎不太可能朝着相反的方向发展。

严格的管制最终也可能会导致强烈反对和废除法规。当然,监管本身可以是双向的,就像我们在监管和放松监管的浪潮中看到的那样。

尽管我们中的许多人可能想要封锁这些双行道,但交通工具仍然继续朝两个方向移动。我们发现这样的模式应该受到谴责,但有些人仍然认为它们是理解世界的最佳方式。

就像物质和能量一样,任何心智模式都不会真正被摧毁。它们只是被忽略了。如果我们从旧范式走向新范式,那是我们选择放弃旧范式。这并不意味着旧范式消失了。但是,如果我们认识到它的存在,并不时回顾它,我们可能会意识到它比我们预期的更有价值。然后,我们就可以在各种不同的思维模式之间漫游,以获得看待挑战的新视角。

## 范式转换:生活在圣彼得堡

有时范式转换会像人口迁移一样来回移动。1703年建立的圣彼得堡,以宫殿和广场为主。当时引入的西方文化与技术,使圣彼得堡成了俄国最西方化的城市。这座位于芬兰湾的港口城市成为通向更广阔世界的窗户。1924年后,圣彼得堡更名为列宁格勒。这个新名字象征着一个重大的范式转变。

1991年,随着内外环境的改变,列宁格勒的居民投票决定将该市重新命名为圣彼得堡。

有时我们的范式转变是暂时的。我们认为我们已经改变了一切——搬到了列宁格勒——有一天醒来发现我们又回到了圣彼得堡。钟摆从旧的范式摆动到新的范式,然后再摆回来。这种新思维占主导地位的时间是短暂的。但它实际上并没有消失。

对建立市场份额以推动互联网的投资的关注,被对投资回报率和现金流更强烈的关注取而代之。这并不意味着市场份额会消失,只是在一段时间内,它会变成一种隐性基因。

在我们的个人生活中,我们看到,在20世纪60年代和70年代,基于个人自由的价值观,传统的婚姻观转变为无过错离婚和开放婚姻观。

从一些有关婚姻对伴侣和子女的作用的研究中,我们也可以看到,当前很多人在回归传统的婚姻观念;但我们同时也看到许多其他的对待婚姻与家庭的不同态度。

公司已经从严格的等级组织结构转向扁平化的矩阵结构。它们从追求全球化、整体化回归到关注区域化。政府经历了从国有化或严格监管到私有化或放松监管,然后又回到了原来的状态。当政府专注于促进创新和效率的效用时,监管就会放松。当公众担心行业失控时,法律就会收紧,而在保护投资者和客户不受企业滥用权力的影响时,效用发挥着作用。

效用涉及的问题是:效用有利于谁?流行的思维模式的转变通常是由谁来定义效用或效用定义的基础的转变引起的。

## 范式的时代尚未到来

除了使用旧的心智模式来解决当前的问题,我们还可以开发新的心智模式来应对未来的挑战。科幻小说中充满了穿越太空旅行的奇想,而这些奇想在以前是不可能实现的。随着技术的突破,这些已成为可能。这些是范式的时代还没有到来的例子。通过探索那些未来潜在的范式转变，我们可以更好地评估它们的影响，为它们的到来做好准备，并认识到它们是何时出现的。

例如，有人认为氢将在几十年内取代石油成为世界上主要的能源。这种观点不仅对石油行业，而且对全球经济和政治都可能产生深远影响。正如作家杰里米·里夫金（Jeremy Rifkin）在他的《氢经济》（*The Hydrogen Economy*）一书中所假设的那样，转为使用氢这种当前尚未集中在少数人手中的能源，可能会导致更广泛的权利分配。

一方面，全心全意地接受这种观点可能会导致严重的战略错误。有人质疑，在"超越石油"运动中，英国石油公司（British Petroleum）在品牌推广上采用替代技术的步伐是否过快。另一方面，忽视这种观点的公司可能会落伍。旧思维方式是以化石燃料和其他传统能源为基础的。同时以新旧思维方式来观察这个世界，管理者可以在两者之间进行切换，并在任何特定时间选择最合理的思维方式来应对世界变化。如果管理者不接受以氢或其他能源为基础的经济理念，即使这种情况出现了，他们也可能看不见。企业需要以环保主义者的思维模式来看待自己的行动，以发现可能会面临的反对意见，而企业可能无法通过严格的以业绩为导向的思维模式发现这些反对意见。

尽管其中一些模式乍一看可能有些令人惊讶，但可能当前会有一些发展使它们成为可能。例如，氢经济的一大问题是：生产氢的电力从何而来以及该方式是否有经济效益。基因组学科学家克雷格·文特尔（Craig Venter）提出了一种无须用电即可生产氢气的方法——利用一种完全合成的能释放氢气的微生物。几个研究小组正在研究这个问题。他和其他科学家正在寻找能释放大量氢气的微生物，这些氢气是微生物在自然生存过程的副产品。文特尔博士也在考虑专门为这项任务创造一种合成微生物。一个领域的变化（基因组学）会影响另一个领域（能源生产）新模式的可行性。基于这些复杂的交互影响，立即拒绝任何新模式可能是危险的。我们需要看到它当下和未来的价值，并随着世界的变化不断重新评估其潜力。

## 从两个角度看待事物

你是将一个特定的模式添加到你在用的模式库中,还是放弃它?做这个决定有多种策略。

- 考虑其效用。旧模式是否有助于实现一个特定的目标或促进特定的活动?新模式能做得更好吗?注意其中细微的差别。例如,虽然计算机可以更有效地处理大量邮件,但手写的信件可能更易吸引人们的注意力。(事实上,一些非营利性组织把机器打印的标签换成了手写信,以进行直接邮件询价,因为后者能在成堆的垃圾邮件中脱颖而出,更容易引起注意)如果你仅仅从效率的角度来评价手写信,你将会忽视收信者在乎的个性和温暖。
- 寻找新用途。汽车兴起后,许多从事养马或相关行业的人可能会退出相应行业。但有一些人认为,虽然马的运输功能可能在下降,但其还有其他潜在的应用。旧模式的新用途是什么?
- 收起旧模式。在你所用的模式库中保留太多的模式可能会让你难以进行决策。这会减慢你的反应速度,并迫使你四处寻找合适的工具。保持每个选项都可选的代价可能很高。例如,只是为了防止其他交通方式"瘫痪"而将马养在马厩里的成本是非常高的。如果你现在没有使用该模式,那么将它放在一边,以便你可以更有效地应用其余模式。考虑保持模式可用和在不同模式之间切换的成本。甚至在某些罕见的情况下,保持一个模式可用的成本远远大于任何潜在的收益,你就会将该模式彻底地淘汰。
- 不要扔掉你的旧模式,将其存档。即使一个模式在当下没有效用,也不包含在你在用的模式库中,它也可能在未来有助于解决一些难题。虽然你可能不会总把你的钢笔放在书桌上,但你应该把它收在抽屉里。当你遇到棘手的问题时,你的某一个旧模式可能会提供一个很好的解决方案。
- 避免走向错误的一方。一旦你能以一种不同的思维模式看待世界,你就很难再重拾原来的思维模式。你会完全通过新模式看待事物,无法再用旧模式看待世界或和以前的朋友和同事交流。我们可以把这些不同的思维模式看作《星球大战》（Star Wars）中卢克·天行者（Luke Skywalker）和达思·韦德（Darth Vader）之间的斗争。韦德试图将他的儿子卢克带至黑暗势力的一方，而年轻的卢克试图将他的父亲带回善良的一方。问题是，为了与他人交流，每个人都要能够通过他人的视角看待世界。与此同时，如果不放弃旧世界观，就无法完全转向另一个世界观。如果你不立即拒绝新的思维模式，或者完全接受新模式，你就失去了选择从不同角度看待世界的能力，也就失去了向同伴传达新思维模式的能力。

- 创建潜在新模式的清单。当你有了一个新模式，如氢能，把它放在一个模式清单里可以帮助你觉察它，并寻找方法来应用它。即使是科幻小说也可能为你提供在未来某一时刻具有实际用途的模式。你越了解这些不同的模式并积极地考虑它们，你就越能更好地知道在什么时机使用它们。

- 收集各种观点。除了你头脑中存在的模式外，你还可以通过与具有不同思想的人交流，了解不同的观点，以此建立一种多样化的心智模式。如果你的房间里有骑马的人，他们会积极使用马来寻找新解决方案，但如果在房间中没有人有这样的背景，马的使用就不太可能被认真考虑。即使在场的大多数人知道马的存在，他们也可能不会积极地考虑如何利用马来解决当前的问题。如果能够听取不同的意见，那么企业在处理其挑战时将会有更多的选择。

- 创建一个模式工具箱。这个过程的目标是创建一个对你最有用的模式库或模式工具箱。模式会因人而异——水管工的工具箱与电工的工具箱大不相同。从这个意义上说，模式工具箱是一个元模式，它包含各种其他模式。通过组装这些模式，你就可以自由和灵活地快速找到最有用的模式来处理特定挑战。

- 敢于摇摆不定。根据效用选择多样化模式会让你看起来好像害怕全力支持某一模式。反对者可能会觉得，支持一切就是什么也不支持。这会让他们紧张甚至生气。你要接受共存模式，这些模式在不同环境下各有用处。

心智模式是一种工具，你可以用它来理解你周围的世界、解决问题和采取行动。为了舍弃当前的模式并选择一个新模式，你需要有一定的独立性。现代杂工仍然使用手工工具和电动工具，高效的问题解决者的脑中包含各种新旧模式。每一种模式都可能在某一天派上用场。

你需要尽可能系统化地整合你的模式，你自己和你的企业都是如此。这一过程可以是经过深思熟虑的，如法律体系通过判例法和立法增加新模式，也可以通过宪法和旧法等核心原则来增加新模式。学习型组织以其过去的知识为基础，从实验中积累新的智慧，并在组织内外部分享新的方法和观点。

你需要在你的抽屉里放铅笔、圆珠笔、钢笔和信纸，在桌上放随手可用的电话，以及联网的计算机和打印机。你的办公桌上有了这些物品后，你就不再是某个世界观的囚徒——被锁在某个特定范式的城堡里，周围环绕着阻挡攻击的护城河。相反，你给了自己护照，让自己在不同的范式中自由旅行，欣赏风景，在桥上来回穿梭，获得新的视角，选择实现目标的最佳路径。

## 超常规思维

- 你目前用于应对挑战的心智模式库是什么？
- 看看你抛弃的一些旧心智模式。它们的潜在价值是什么？在何处可以最好地应用它们？（例如，如果你要通过电子邮件发送所有信函，那么何时使用手写信函更有效）
- 每个模式的优缺点是什么？被抛弃的模式有什么新用途？
- 如何通过添加新模式来扩展你的心智模式库？

### 尾注

1. The Horse Council. "Horse Industry Statistics." *American Horse Council*. 1999.

2. "Paper in Our Lives." *The American Museum of Papermaking*, 2002.

3. Lacayo, Richard. "Buildings that Breathe." *Time.* 22 August 2002. p. A36.

4. Sanders, Lisa. "Medicine's Progress: One Setback at a Time." *The New York Times Magazine*, 16 March 2003. p. 29.

5. 同上, p. 29.

6. Weinberg, Steven. "The Revolution that Didn't Happen." *New York Review of Books*, 45: 15.8 October, 1998.

7. Rifkin, Jeremy. *The Hydrogen Economy.* New York: J. P. Tarcher/Putnam, 2002.

# 第 5 章
# 发现看待事物的新方式

* * * * *

啊,美丽的新世界,那里有这样的生物。
——威廉·莎士比亚(William Shakespeare)

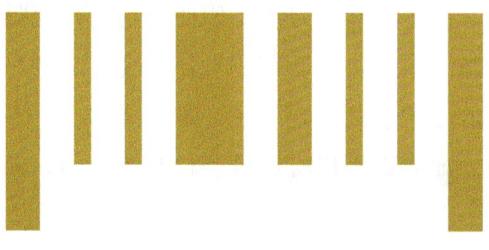

**眼睛别离开页面往上看。**

试着描述一下你所在的房间、墙上的艺术品、墙壁和家具的颜色和图案。窗外的景色怎么样？你坐的椅子是什么颜色的？如果你在公共场所，还有谁和你在一起？选择一个人，不要抬头看，试着描述他或她的头发颜色、眼睛颜色和其他特征。

如果你在家里或其他熟悉的地方，你或许会回答正确。也许这些家具或艺术品就是你买的。（如果你有主场优势，你可以出门在外时再试一次。）如果你在路上、机场或酒店，你必须具备敏锐的观察力才能回答这些问题。

想想最近在零售商店或售票处的一次交易。收取你现金或检查门票的人长什么样？你可能并没有把他当作一个个体而与之互动，你只是将其当成票务员或收银员，所以没有理由也没有时间去注意这些细节。

如何才能发现看待事物的新方法？如何超越自己视野的局限，关注那些可能会引导你朝着新方向前进的新细节？你不会注意到房间里的所有东西，因为你已经根据你的心智模式决定了什么是重要的。只要你不错过重要的事情，它就是有效的。如何识别何时错过了一些重要的东西呢？你如何才能看到被你忽略的世界？

20世纪90年代，当理查德·斯托尔曼（Richard Stallman）为IBM的研究人员演讲时，他像是来自另一个星球的访客。这位留着大胡子的麻省理工学院"黑客"是免费软件基金会的创始人，他受邀演讲自己在软件开发方面的激进思想。在他的"GNU宣言"（为开发UNIX操作系统的开源替代品GNU奠定了基础）中，斯托尔曼设想了一个"就像免费获得空气一样，每个人都能免费获得一个好的软件系统"的世界。

问题在于，微软、IBM和其他公司建立软件业务的模式非常不同。他们的软件不是开源的，而是私有的。这意味着源代码是由软件公司内部程序员开发的，并且像保险箱一样被锁得紧紧的。软件公司在许可协议和律师的怒吼中反复强调，共享软件等同于窃取软件。出售软件的公司持有代码，用户应为每一次呼吸"空气"支付许可证费用。在斯托尔曼第一次演讲时，即使是 IBM 研究实验室里的"疯子"也没有办法基于极端的开源观点建立一个商业模式。这是一个完全不同的模式。

"自我从事研究以来，我们一直在关注他的工作，"IBM 应用程序和集成中间件开发副总裁丹尼尔·萨巴（Daniel Sabbah）说，"但当时没有商业模式。"

与此同时，IBM 的研究人员认识到了开源模式的好处。一个精英社区曾开发一款软件，在这个社区中，开发人员竞相添加源代码，用户修复错误，以便系统能够自我修正。该软件的分发很容易，因为它是免费的，开发该软件的社区会帮助其传播。IBM 继续关注并思考这一新的发展。

最终，这个激进的想法改变了 IBM 软件开发的方式。这一转变发生之际，IBM 正在打一场硬仗，极力向基于传统私有模式的网络服务商推销它的 Domino Go 软件。到 20 世纪 90 年代中期，微软已经占领了超过 1/4 的 HTTP 网络服务器软件市场，而 IBM 只占有大约 2% 的市场份额——这对于一家持续围绕电子商务建设未来的公司来说是一个严重的问题。但是，当大公司在私有服务器软件领域展开竞争时，一个名为"Apache"的开源软件却悄然占领了约一半市场。开源模式已经从一个激进的想法变成了一股不可忽视的力量，IBM 别无选择，只能关注。"那匹马已经跑出了马厩。"沃顿商学院的研究员萨巴说。

然而，下一步行动还远未确定。IBM 本可以坚守阵地，为旧的私有软件模式而战。相反，它改变了对软件开发的全部思路。IBM 开发了一种不像斯托尔曼的思想那样极端、具备盈利商业模式的开源模式。不过，IBM 面临的最大挑战是克服法律上的顾虑。律师们反对说："如果你无法控制软件代码，无法拥有它，我们就不为它效力。"他们指出，作为一个财力雄厚的参与者，IBM 面临着与开源社区一起爬进沙箱的巨大风险。IBM 内部的开源支持者并没有将这些反对意见作为拒绝开源的理由，而是对许可协议甚至代码的来源进行了严格的调查。

IBM 开发了一种商业模式，该模式基于开源代码构建更高级的软件和服务契约。Apache 创建了一个"生态系统"，IBM 和其他公司可以在其中建立自己的业务。Apache 为房子打造了一个标准的地基，IBM 可以在其之上更轻松地建造房屋。

"最大的障碍是法律上的反对，还有商业风险。但为了成为一个可存活的企业，你就要承担风险，有时这些风险是值得的。"萨巴说道。迁移到 Apache 还意味着放弃对 IBM 私有网络服务器项目的投资。

萨巴说："如果你爱你的每一个孩子，且你永远不放弃他们，那么你的事业就不会成功。"

事实证明，这对于 IBM 和 Apache 的项目都是双赢的。IBM 提供了设备和程序员，为开源项目增加了可信度和服务支持，提高了大客户的满意度。与此同时，IBM 有了可靠的软件和一个快捷的基本服务器软件分发平台，尽管这不会是一个高利润的业务。到 2003 年初，Apache 已经在超过 60% 的服务器上运行，IBM 已经启动了其他成功的基于开源的项目，如 WebSphere 和 Eclipse。

对这种新模式的认识和转变是如何发生的？研究部门一直在寻找新的想法。

"我们有一个充满活力的研究部门，"萨巴说，"而且他们听取了我们的'疯狂'想法。"

该项目还得到了公司领导层的支持，如萨巴的老板史蒂夫·米尔斯（Steve Mills）等人，萨巴说："他们对批评者进行了干预，并积极鼓励我前进。"IBM 在专有市场上占有的份额很小，几乎没有什么损失，这一点也是原因之一。尽管如此，在这一过程中，仍有许多人事后劝告，因为 IBM 把很大一部分业务押在了这种新模式上。

萨巴说："现在，你会忘记一路上那些你怀疑自己是否正确的孤独时刻。"

## 如何以不同的角度看待事物

大多数时候我们忽略了我们周围的世界。在我们的生活中，我们是梦游者，依赖于小抄和课堂笔记而不是全方位的经验。我们走过这个世界，却对其视而不见。

我们走马观花，很快就将其他人归类为"别人"，而不把他们视为个体。我们把新想法归为"疯狂"，不再去思考它们。我们走着同样的老路，不向左右看。就像莎士比亚戏剧《暴风雨》（The Tempest）中魔术师的女儿米兰达（Miranda）一样，我们是自己思想岛屿的囚徒，直到一些入侵者来到我们的海岸，我们才意识到与这个"美丽新世界"互动的奇妙和危险，超出了我们以前心智模式的范围。

如何培养以不同视角看待事物的能力？如何规避自己的盲点，提出新的观点？如何认真地看待这些观点，从而改变自己看待世界的方式，但又不至于与过去或当前的现实脱节？像 IBM 这样的公司如何在采用开源思想的同时又不放弃对利润的追求？本章探讨了各种方法来拓宽你的思维。

- 听听激进派的观点。你需要能够像 IBM 那样倾听激进派的意见，并在他们"古怪"的想法中寻找智慧和机会。

虽然佳能总裁兼首席执行长御手洗富士夫（Fujio Mitarai）是佳能公司一位创始人的侄子，但他的思维方式与日本同行截然不同。在佳能美国公司工作了 23 年之后，他能够将日本和美国的方法结合起来应对商业挑战，所以他既不是一个会被立刻拒绝的外国人，也不是一个传统的日本高管。这种混合方式帮助佳能将激进的想法和建议引入管理层，并在日本同行步履蹒跚之际实现了创纪录的利润。

在你的世界里，谁是激进分子？他们对你说了什么？他们看到了什么你没有看到的？你能从他们身上学到什么？他们的想法中有什么智慧吗？你怎样才能把它带进你的生活，且不会让你周围的人觉得奇怪呢？

- 踏上探索之旅。22 岁时，查尔斯·达尔文（Charles Darwin）登上"贝格尔号"，开始了为期 5 年的环球航行。船上还有其他船员，但达尔文是唯一一个以独特视角看待这次航行的人。对这个年轻人来说，这是一次探索和冒险之旅，是一个成人礼，是一次成年之旅，是一次19世纪科学的"盛大旅行"。他花了5年时间环游世界，这是一笔巨大的时间和精力的投资。从亚马孙丛林到如今著名的加拉帕戈斯群岛，再到澳大利亚的蓝山，达尔文在太平洋、印度洋和大西洋上远距离航行，拥有了许多惊人的新体验。

达尔文开始他的贝格尔号之旅时是一个神创论者，但后来成了一个坚定的进化论者（其晚年推翻了进化论——译者注）。作为一名地质学家，他所受的训练让他思考了神创论观点和地质证据之间的冲突。"贝格尔号"的航行及其相关的探险和科学活动给了他极大的刺激，提供了丰富的知识材料。他是一位强大的观察者，对每一次经历都做了详尽、细致的记录。敏锐的观察力和新颖的经历相结合，为达尔文随后努力理解所观察到的东西提供了原材料。这整个过程创造了人类最伟大的智力成就之一——进化论。

有趣的是，达尔文从"贝格尔号"航行回来后就再也没有离开过英国，但因为他对这次经历持开放态度，他的思想得到了扩展，这不仅改变了他自己的思维方式，而且更广泛地改变了科学理论。

重要的不是你去了哪里，而是你如何看待你的经历。如果达尔文没有记录和深入思考他的新冒险，他可能只是一个游客。除此之外，如果他没有把科学的观点带到他的旅行中，他可能永远也不会从这些旅行中得出新的见解。

能够提供新的世界观的旅程可能是踏入新大陆的旅程，也可能是进入年轻人市场或电子游戏等领域。倾听新兴的消费者、员工和投资者的想法，可以为你的企业或行业提供新的视角。

你需要去哪里旅行才能获得新的视角？你能踏上什么样的探险之旅？新思想在哪些地方出现？你需要以什么样的观点来理解你所看到的？

- 跨学科思考。剑桥大学分子生物学实验室培养了许多生物学领域的领军人物，包括DNA先驱詹姆斯·沃森（James Watson）和弗朗西斯·克里克（Francis Crick）在内的十几位诺贝尔奖得主。建立该实验室最初想法的天才之处在于，它"欢迎跨学科的研究人员，然后鼓励他们密切交流"。这种跨学科的接触和合作使该实验室成为一系列关键进展的中心——从识别肌红蛋白和其他蛋白质的结构到研发出制造单克隆抗体的方法。

同样，梅奥诊所（Mayo Clinic）的传奇医疗体系也是建立在医师团队的洞察力基础上的，由支持协作的文化、激励系统和互动技术所推动。该组织从不同的角度和诊所收集所需的专业知识，来解决患者的特定问题。

你熟悉的领域的一部分来自你受过的教育和培训，当你跨越这些边界时，你可以获得新的发现。教育和培训创造了以一种公认的方式来看待和理解世界的社区。这种共享视角使社区成员更容易一起工作。医生具有共同的思维方式和语言，可以与专业领域内其他人更好地合作。

另外，医生和脊椎指压治疗师生活在不同的世界中。他们通常没有受过共同的教育和培训，所以他们居住在不同的、常常相互排斥的世界里。

物理或医学专业的学生接触世界的方式与哲学系的学生截然不同。这两类人互相交谈的频率有多高？实际上，最终他们可能会完全失去沟通所需要的共同语言。当这两类学生攻读博士学位时，他们可能会变得非常专注于各自的学科，导致他们实际上生活在不同的世界里。这种隔离是专业化的危险之一。

但是，物理学或医学的某些进步对哲学有直接影响；反之亦然。例如，研究人员正在使用磁共振成像（Magnetic Resonance Imaging, MRI）和其他科学工具来评估大脑活动，同时解决哲学领域长期关注的伦理困境。随着基因研究和其他创新的发展，许多生物学的突破都取决于计算机科学或工程学的发展。在这个过程中，生物学发生了变化。它的方法曾经非常"柔和"和定性，现在变得更加"坚硬"和定量。但只有当学生们能够接触到彼此的世界时，这些类型的联系才能被识别出来。

商学院历来是根据学术学科（如管理、市场营销、金融等）来组织的，但管理问题却跨越了学科。沃顿商学院（Wharton School）对其MBA（Master of Business Administration, 工商管理类硕士研究生）课程进行了改进，创建了一种更深入的跨学科方法。今天的学生有能力从多个角度看待相同的挑战，制定更有创意的解决方案。

一些学科的交叉点促进了领域的新进展。你如何跨越你所受的教育或进行的实践的界限，从企业的其他部门或其他学科的角度来看待问题？

- 质疑常规。就像海浪冲击海滩一样，常规能让你昏昏欲睡。安然（Enron）和其他经历了磨难的公司的董事会是如何忽略他们面前的突出问题的？像许多企业一样，他们有一种固定的常规或节奏，他们不会主动参与研究自己的心智模式。

董事会会议可以成为一个可预测的、形式化的过程，每次董事会开会时都要重复这个过程。这是一种仪式性舞蹈，由首席执行官领舞。这些步骤都经过了充分的排练，董事会别无选择，只能照办。除非有人有足够的勇气去质疑这个过程，否则这些常规就有了自己的生命力，往往会阻碍积极的提问。

针对工业购买和个人消费者购买的营销研究表明，我们在做出购买决定时经常处于自动运行状态。消费者通常会做出"直接重新购买"的决定。你可能会喜欢特定类型的速溶咖啡，选择了某品牌的速溶咖啡后，你就不会在超市货架上看别的了。你走过去，完全不需要做选择，找到产品就把它放到你的购物车里。

营销人员花了相当多的时间试图找到打破这些模式的方法，并鼓励消费者尝试其他商品。有些消费者天生就有寻求多样化的倾向，尝试新事物只是为了从中获得乐趣。但是我们大多数人都需要一个充分的理由去尝试新事物。如果我们的传统产品消失了，我们就不得不尝试一些不同的东西。例如，如果你在一个国家或世界的另一个地方，那里可选择的产品是不同的，你将需要寻找替代品。或者，如果决策中的风险和投资以某种方式增加——例如，如果你必须为一个小部队购买咖啡——你可能会更仔细地考虑价格和其他因素。

常规和节奏在企业和个人生活中很重要，但你需要警惕，它们可能会让你昏昏欲睡。你足够警惕吗？你认为什么是理所当然的？其他人是如何处理类似常规的？

你也可以故意打破自己的常规，强迫自己以不同的方式看待这个世界。

试着对你自己的常规做实验——从你安排一天的方式，到你进入办公室的路径，再到你与同事或家人的互动。留意你获得的新见解。如果你每天都在同样的地点和时间吃午饭，或者开一个例行的员工会议，而会议变得又累又可预测，那么就在你的常规中做一个简单的改变吧。

那些采取简单步骤引入"站立式"会议的公司发现，这种相当简单的改变让会议变得更短、更集中，改变了会议的整体特征。你需要关注自己的注意程度。要意识到你和你的企业什么时候处于自动运行状态。如果你仔细想想，你可能会知道那是什么感觉。参与本章开头的练习，测试一下你对所处环境的了解。你真的在注意吗？你意识到你周围的可能性了吗？如果没有，做一些事情来打破你的常规，即使是一件小事。

- 识别障碍。你还需要注意你周围的人，他们希望你不要重新考虑你的决定和当前的模式。在市场营销中，一方面，直接进行重新购买决策的"内部"供应商会尽一切努力让你感到舒适，并加强这种自动行为；另一方面，"外部"供应商正试图挑战你，让你改变自己的行为。

在接受一个模式时，问问自己那些支持或反对它的人的动机。特别是如果你周围都是维持现状的人，你将很难朝着新的方向前进。随着开源软件的兴起，律师们可能更倾向于支持私有软件的理念，这成为采用新模式看待问题的障碍。

你周围的世界有什么障碍把你锁在你当前的观点里？什么障碍在阻碍你看到新模式？你怎样才能克服这些障碍，或者越过这些栅栏看到外面的世界？

- 练习"颠倒飞行"。常规是通过教育和培训来强化的，但这会让你对意外情况准备不足。例如，航空公司的飞行员通常接受的训练是在正常情况下飞行，甚至是处理一系列预期的问题，但他们没有处理严重故障的经验，如处理飞机失控或翻转。

航空公司正在扩大模拟培训的范围和提高其准确性，以应对大范围的"失控"事件，这些事件被认为是航空死亡事故的第二大原因，排在火灾、蓄意破坏或碰撞之前。

美国国家航空航天局资助的一项研究测试了一年级飞行员如何应对八种被认为是可恢复的失控失事场景。虽然年轻的飞行员能够处理那些他们已演练过或有直接解决方案的问题，如风暴或者低机头螺旋，但他们并没有准备好应对八大困难情况中的其余六种。对这些情况的最佳反应，通常与感觉相似、但原因截然不同的问题的处理技术不同。例如，如果"熄火"失速是因为结冰，那么采用高机头的姿态这种通用解决方案可能是错误的。航空公司和政府官员正在考虑扩大飞行员培训的范围，提高飞行模拟器进行多场景模拟的准确性。

在你的个人生活或职业生活中，"颠倒飞行"相当于什么？与"正常飞行"相比，你该如何为超出正常体验且需要不同反应的事件做准备？你目前接受的教育或培训能否让你准备好应对这些事件？你如何提升自己的教育水平或扩展思考方式，以了解这些令人震惊的情况并为之做好准备？

- 逐渐习惯新模式。逐渐习惯新模式是吸收新心智模式的一个重要原则。习惯用一种新的方式看世界是需要时间的，有时你必须遵循从旧世界到新世界的逻辑。看看赖曼（Ryman）和莱因哈特（Reinhart）等现代艺术家的作品，他们创作了单色油画。许多参观博物馆的人看到这些作品都会摇头。他们认为自己很容易就能画出同样好的作品。成功的剧作《艺术》（Art）探讨了这一现象，该剧的重点是人们对全白画的反应。

如果你可以了解艺术品从现实到抽象的发展（通过当代艺术发展的许多阶段，尤其是概念艺术和极简主义艺术的发展），那么白色画布作为这种发展的一部分就开始变得有意义了。你开始训练自己的感知能力，让自己能够看到这件艺术品是如何融入一个更广阔的故事中的，这样它才是有意义的——不是从你本能反应的角度，而是从新知识的角度。这是一种后天养成的品位，就像喝苏格兰威士忌一样。

对于一个像冰水一样诱人的新模式，你怎样才能让自己慢慢地沉浸其中，慢慢地适应，更好地理解它呢？

- "摧毁"旧模式。虽然你最终将创建一个模式库，但有时你需要"摧毁"

旧模式以腾出空间给新模式。由拉塞尔·阿科夫（Russell Ackoff）率先提出的"理想化设计"强调，要以理想的状态为起点，然后一步步倒推出把世界从当前的"混乱"状态带到理想状态的必要步骤。例如，1951年的一个早晨，贝尔实验室的负责人召集了他手下所有的顶尖研究人员，告诉他们整个美国的电话系统在一夜之间被摧毁了。他说："我们现在必须从头开始设计。"他要求研究人员填补空白。一旦研究人员从震惊中清醒过来——意识到他既没有说实话，也没有拿当前体系的毁灭开玩笑——他们就会开始填补这一空白。面对这一挑战，出现了以不同的方式看待世界的创新成果，如按键式电话、来电显示和无绳电话。

如果你把当前的模式放在一边，会发生什么？如果没有这些"遗留系统"的负担，你可以创建什么来取代它们呢？

- 设想多种未来。荷兰皇家壳牌公司和许多领先的从业人员推广的情景规划则从另一个方向出发，研究当前环境的趋势和不确定性，以及这些驱动因素在未来一系列潜在情景中可能发挥的作用。例如，在IBM软件的案例中，当开源运动开始时，可能有这样一种情况：整个世界都转向了开源。而在另一种情况下，开源运动没有成功，软件在很大程度上仍然是私有的。

那时，没有人知道市场的发展方向，因此，与其把一切都押在一种模式或另一种模式上，还不如让管理者们为可能出现的不同世界制订计划。

你未来可能生活在什么样的世界里？在未来的世界里，需要什么样的心智模式才能成功？

- 以"魔鬼的拥护者"/"逆势者"的角度来看问题。创建一个具备"魔鬼的拥护者"或"逆势者"观点的正式过程，可以鼓励我们从不同角度看待问题，并把它们带到组织的前沿中来。这些对现实的不同看法常常被"集体思维"压制。通过创造"魔鬼的拥护者"，我们可以鼓励表达这些逆势的观点，而支持者不必担心遭受酷刑。对于每一个重大的新提议或新心智模式，应指定一个特定的人或团队来代表相反的观点。如果有人提议要做某事，"魔鬼的拥护者"会说"不要做某事"。

在这种辩证和辩论中，每一种模式的长处和短处都可以得到更充分的探索，新的模式可能会就此出现。

如何在你的企业和个人生活中创造一个"魔鬼的拥护者"？如何在自己的讨论中提出这样的问题，促使看待世界的新方式浮现出来？

除了这些方法，还要注意环境中的微弱信号并创建早期预警系统（在第3章中的"知道何时换马"部分讨论过），以及通过事后剖析从过去的错误中吸取教训（将在第7章"参与心智的研发"中加以探讨），这对于形成看待问题的新方式也很有价值。正如我们将在第9章中讨论的那样，解决"适应性分歧"的策略（通过他人的眼睛看世界或说服他人通过你的角度看世界）也有助于"发现看待事物的新方式"。

## 新地图

本章所描述的策略可以帮助你找到看待世界的新方法，但是你仍然面临一个挑战，即知道何时应该认真地寻找新模式。查尔斯·达尔文乘坐"贝格尔号"踏上了发现之旅，花费了很多精力。IBM这样的公司花了大量的时间和精力来建立结构和商业模式，使其能够使用开源软件。有时候，通过关注世界上那些不再适合你的心智模式，你可以认识到这种改变的必要性，这有助于你发现你的模式何时不再有效。如果考虑到视错觉，在你从一个视角转换到另一个视角之前，你通常会把注意力集中在画面的特定细节上——这随后会引起视角的转换。

危机过后往往会出现新的模式。然而，如果你保持开放的思维，更多地了解现有模式的局限性，并积极地留出时间去探索其他模式，你就能更快地认识到转变需求，并在以新方式看待问题时做出更快、更有效的反应。如果你手中有一组不同的模式，你可以尝试使用不同的模式来解决问题，试验新的方法，看看它们是否比你现有的方法更好。

## 超常规思维

- 你在哪里可以找到新模式和看待世界的新方式？
- 如何才能跳出常规，参与到探索之旅中去（哪怕只是去一趟美术馆或听一场科学讲座）？
- 在企业内部和外部，哪些声音是激进的或哪些声音是未曾被听到的？你要怎样开始关注它们？这些见解暗示了哪些新模式？
- 你能从你家庭或企业中的年轻人那里学到什么？
- 如何才能保持开放的心态，像达尔文一样，利用自己的经验来提出另一种观察世界的方式？

## 尾注

1. Stallman, Richard. "The GNU Manifesto." *GNU Project*. 1993.

2. February 2003 Netcraft Survey Highlights. *Server Watch*. 3 March 2003.

3. Holstein, William J. "Canon Takes Aim at Xerox." *Fortune*. 14 October 2002. p. 215. Kunii, Irene M. "What's Brightening Canon's Picture." *Business Week*. 21 June 2002. "Hard to Copy: Canon." *The Economist*. 2 November 2002. p. 79.

4. Pennisi, Elizabeth. "A Hothouse of Molecular Biology." *Science*, 300（2003）. pp. 278–282.

5. Berry, Leonard L., and Neeli Bendapudi. "Clueing In Customers." *Harvard Business Review*. 81: 2（2003）. pp. 100–106.

6. Croft, John. "Taming Loss of Control: Solutions Are Elusive." *Aviation Week & Space Technology*. 157: 9（2002）. p. 50.

7. Hughes, Robert. *The Shock of the New*. New York: Knopf, 1981.

8. Ackoff, Russell. *Re-Creating the Corporation: A Design of Organizations for the 21st Century*. New York and Oxford: Oxford University Press, 1999.

9. Schoemaker, Paul J. H. *Profiting from Uncertainty: How to Succeed No Matter What the Future Brings*. New York: The Free Press, 2002.

# 第 6 章

# 从复杂的信息流中筛选出有意义的东西

\* \* \* \* \*

我们淹没在信息中,却渴求知识。

——约翰·奈斯比特(John Naisbitt)

**炸薯条会致癌吗？**

2002年，瑞典的一项研究报告称，淀粉类食物，如炸薯条、薯片、大米等，含有丙烯酰胺，实验证明，丙烯酰胺与癌症有关。你会因此不吃这些食物了吗？如果你不吃了，你会在9个月后被一项后续研究震惊。后续研究发现，这些食物虽然含有丙烯酰胺，但似乎不会致癌。

拉锯战在持续。路透社在2003年6月17日的头条新闻中宣称："研究发现，油炸食品中的某些成分会使DNA突变。"该报道称丙烯酰胺会引起突变，破坏DNA。然而，几周后，在7月5日，路透社又发布了头条新闻："研究发现煮熟的土豆和癌症之间没有联系。"

你到底吃不吃土豆了？还是干脆不读报纸了？你如何理解这些复杂的信息？

在多年忍受低脂和无脂食物的折磨后，你读到最近的一项发现：是反式脂肪酸，而不是食物中的饱和脂肪酸，增加了我们患心脏病和癌症的风险。研究人员建议食用未加工的脂肪，如橄榄油和黄油，甚至猪油。那么，这些年来你一直在面包上涂人造黄油，苦不堪言，这又是为了什么呢？

明天会出现哪些新研究？你怎样从小说中找出事实？你应该完全停止进食吗？你应该开始吸烟吗？毕竟，也许有一天会有一项研究表明，这些东西真的没那么糟糕。

我们被建议、研究和信息流轰炸。如何判断什么是重要的并采取行动？你如何识别意味着你需要改变你的心智模式和行为的信息，并不断过滤这些信息而又不被其淹没？在本章中，我们将探讨如何从这些复杂的信息流中获取有用信息，包括放大视角看细节和缩小视角看背景的过程。

我们淹没在信息中。加州大学伯克利分校正在进行的一个研究项目估计，全世界每年产生的信息量为 1~2 艾字节，地球上每个男人、女人或孩子人均负担约 250 兆字节。电子邮件以每年 6 100 亿封的速度在传送。到 2000 年，大约有 21 太字节的静态网页，以每年 100% 的速度增长。越来越多的人每天都在写博客，这是一种在线日志，记录着他们每天对生活的观察结果，并可供数以百万计的人阅读。但谁有时间把它们全部读完呢？

理查德·沃尔曼（Richard Wurman）指出，一份平日版的《纽约时报》包含的信息量与一个 17 世纪英格兰的普通人一生中可能接触到的信息量一样多。知识以每 10 年翻一番的速度增长，过去 30 年产生的新信息总量比过去 5 000 年产生的信息总量还要多。

这种复杂的信息流会很快削弱我们理解世界的能力。我们需要更好地从复杂的信息流中筛选出有意义的东西。在本章中，我们将探索一个有助于我们看到细节和大局的过程。

## 什么是知识

"知识"本身的含义正在改变。我们都知道如何制作百科全书。召集数千名不同领域的世界顶尖专家，请他们分享各自领域的知识。《大英百科全书》（第 11 版，于 1911 年出版）被认为是百科全书的最佳范例。这可能是最后一次世界上所有的知识以这样的方式组合在一起。用出版商的话说，它包含了"人类知识的总和——人类所有的思想、行为和成就"，或者是"知识之树的一个横截面"。在这个时代，人们可以真正把知识描述成一棵树，而不是杂乱的丛林——到处是流沙和爬满各种动物、生长各种植物的灌木丛（仅十多年前，美国专利局就向国会建议关闭该局以节省资金，因为所有可以发明的东西都已经被发明出来了）。

这种"人类知识的总和"是通过将特定主题的专业条目汇集在一起而产生的。一位艺术历史学家写了关于米开朗琪罗的内容，一位物理学家写了关于牛顿定律的内容。在编辑的帮助下，这些作者创建了简洁的条目，将大量的人类知识汇集到一个书架或一张光盘上。这就是我们几代人创造这些伟大著作的方式，这些著作将世界上的知识紧密而有效地整理和组织在一起。

但是现在思考一下维基百科代表的完全不同的模式。维基百科中没有著名的专家在其负责的条目上签名。这个项目是一个基层的、自组织的系统，在这个系统中，任何人都可以添加条目并将它们与其他条目连接起来。如果条目暂时出现错误，我们的想法是让知识更渊博的人来纠正它们。维基百科对于条目有一些基本的规则，但是这个系统是完全开放的。所有的贡献者都通过匿名方式与大家分享他们的知识。

随着时间的推移，维基百科的内容变得更丰富、更完整、更准确。在这个网络系统中也创建了链接。

类似地，像谷歌这样的搜索引擎已经从使用机器在网络上查找信息，转向使用由专家组成的团队来理解不断扩展的互联网，现在又转向使用志愿者跟踪一个小领域知识的方法收集信息。"开放目录项目"正在创建一个人工编辑的互联网目录，该目录基于个人编辑的全球志愿社区，这些志愿者编辑对特定主题领域感兴趣。商业目录站点聘请的员工相对较少，却试图以此应对不断增长的页面点击数量，而与商业目录站点相比，该志愿者项目有效利用了许多人的热情。它"为互联网自组织提供了一种方法"。

这些组织信息的方式完全不同。哪一种方式更好呢？从一个传统的百科全书编辑的角度来看，维基百科的做法是难以想象的。你怎么能相信并非来自专家的信息呢？从维基百科项目的角度来看，大量研究此类材料的人们肯定会更快地发现并纠正错误。而且，在一个知识变化非常迅速的世界里，即使是最顶尖的专家有时也会有偏见，并且历史也可以被重写，维基百科的方法可能是适应变化最灵活的方法，它反映了最多样化的观点，创造了内容更广泛、更丰富的知识库。这些收集知识的不同方法产生了不同的结果。

例如，在定义"community"（社区）一词时，《大英百科全书》第15版侧重于这个词的生物学定义，而作为一个在线社区的维基百科则从更广阔的角度进行了阐述。它的定义集包括"代理"和"虚拟社区"等主题小节。另外，维基百科对"transformation"（转变）的定义主要是将其作为分子生物学和数学中使用的精确术语，而不是用作描述商业或个人变化的术语。虽然《大英百科全书》有"insight"（洞察力）这个词条，但在维基百科中没有这个具体的词条。每一种百科全书都有它自己的盲点，而且这二者都没有明确地提到"mental models"（心智模式）的概念。

公平地说，我们也应该注意到，我们正在比较在线版的维基百科和纸质版的《大英百科全书》，所以我们需要认识到，信息的格式也改变了我们与它互动的方式。例如，在线版本通常更便于进行特定的搜索，而纸质版本通常更方便浏览。

还有其他组织和理解知识的方法。《牛津英语词典》注重单词含义随时间的演变，并引用了它们在书面作品中的实际用法。（《牛津英语词典》也采用了类似于维基百科的开发流程，词典的词条由许多志愿者提交）普林斯顿大学心理学教授乔治·米勒（George Miller）基于自己对记忆处理的研究，开发了一个名为 WordNet 的在线项目，它提供了比一般的词典或同义词词典更开阔的视野。除了列出定义（"社区"有 8 个定义）、同义词或反义词外，WordNet 还包含"上义词"或单词所属的事物类别（如狗属于犬类、食肉动物、哺乳动物、动物、生物）、"下义词"或单词的具体例子（如狗、小狗、哈巴狗、达尔马提亚狗、纽芬兰狗）和"部分词"或单词的一部分（如"旗帜"指的是一只狗的尾巴）。

这些变体提供了单词的上下文，对人类很有价值，对机器翻译尤其重要。如果没有单词的上下文，计算机翻译程序就会犯一些经典的错误，如把"心有余而力不足"翻译成"伏特加很好，但是肉很臭"。原文的含义与译文大相径庭。

我们理解单词和其他信息的方式会极大地影响我们的感知和行为。《大英百科全书》、维基百科、《牛津英语词典》和 WordNet 为收集和组织知识提供了不同的模式。

由于看待同一数据集有许多方式，我们筛选、排序和打乱次序的方式会对我们看到的内容产生巨大影响。

尽管专家和记者一样，被认为是不偏不倚的，但他们无一例外地都带有所属学科和文化的系统性偏见。记者试图通过报道某一特定问题的所有方面来做到公正和客观。然而，实际上，报道一个问题的所有方面就像邀请所有候选人参加辩论一样难。有些观点始终会被遗漏。

文化甚至会使我们对词语的定义产生偏见。当一位作者要求学生在不同国家的百科全书中查询一些术语的定义时，可以预见到的是，这些词的概念会大相径庭。

## 把一兆字节的数据扔给一个溺水的人

信息不仅增加了，而且在以不同的方式流动。通过 24 小时不间断传递信息的全球新闻机构，我们与全球数十亿人分享全球的事件，如世界杯足球赛。公司希望 365 天每天 24 小时都有员工使用电子邮件和手机。

我们可能已经达到了吸收这些信息的能力极限，更不用说去理解它了。我们有限的注意力表现在我们惊人的持续消耗上。从 1992 年到 2000 年，美国家庭平均花费在媒体上的时间（电视、广播、音乐、报纸、书籍、杂志、家庭视频、电子游戏和互联网）只增加了 1.7%，每年大约为 3300 个小时。这可能表明我们已经达到了极限。然而，在 2000 年，普通家庭仍平均通过各种渠道接收了 $3.3 \times 10^6$ 兆字节的信息。

我们中的许多人已经超出了吸收信息的能力极限。这种"数据烟雾"导致出现了一种被英国心理学家大卫·刘易斯（David Lewis）称为"信息疲劳综合征"的现象，因为信息超载会干扰我们的睡眠、注意力甚至免疫系统。这种症状与消化不良、心脏病和高血压等身体疾病有关。它所带来的更普遍的影响是思维瘫痪或决策失误。

信息的复杂性很容易导致混乱。美国运输部的智能汽车计划赞助了橡树岭国家实验室的一项研究，研究中测试对象在驾驶时会受到各种小工具的干扰。当测试对象在试车道上行驶时，他们会受到自动导航、手机通话和互联网新闻广播的轰炸。与此同时，研究人员提出了一个简单的数学问题：如果你的汽车消耗每加仑汽油可以行驶 12 英里，那么行驶 96 英里需要多少加仑？1/6 的测试对象错过了转弯，一些测试对象没有接听手机，许多测试对象没有回答这个基本的数学问题。虽然在 45 分钟的车程中，36 名测试对象中只有两三个人发生了事故，但许多人意识到他们的思维在途中"崩溃"了。

## 知道的越多，知道的越少

过去，信息的作用是减少不确定性。现在，有时我们掌握的信息越多，我们知道得就越少。报告来自许多地方，特征各不相同，我们需要确定信息的可靠性。对信息进行解释受到做出解释和接受解释的各方议程的影响。快速变化的信息使得预测未来变得更加困难。一个网络化的、非线性的、不断变化的世界（地球村）同时也是一个动荡的世界，充斥着瞬息万变的风潮和永恒的真理。

真正的挑战不仅是在信息的冲击下生存下来，而且还要理解这些信息。我们如何从生活的这个复杂的信息海洋中提取出真理之"盐"？我们怎样才能找到藏在水底的珍珠而不被淹死呢？

## 竭泽而渔

有些人会采取古老寓言中的人物的方法，即竭泽而渔。他们先抽干海水，然后把留在海底的鱼挑出来吃。美国国防部计划斥资 2.4 亿美元开发的全信息感知（Total Information Awareness，TIA）系统，就是"竭泽而渔"的一个例子。这个项目将从每个美国人的银行账户、税务文件、驾照、机票和旅行订单、信用卡购买记录、医疗记录、电话和电子邮件交易记录以及其他任何不同的信息海洋中获取数据。然后，穿越这片海洋，可以寻找表明问题迹象的模式或潜在关联。

撇开对个人隐私的担忧不谈，TIA 似乎代表了一种强力处理信息的解决方案。许多专家认为，这个庞大的、异构的、笨拙的、不断变化的数据库不太可能产生独创的见解。企业已经对所谓的"数据挖掘"的好处和局限性有了很多了解，这是一个警示。另一种模式是使用像免疫系统一样工作的分布式防御系统，找出威胁并做出反应。这种系统劳动强度更低、成本更低，也更难以被"黑客"攻陷。

人们很容易认为，某些超级计算机可以处理世界上所有的数据，并得出独创的理解。然而，将大量不同的数据组合在一起并不一定会带来更好的见解。它实际上会使理解变得更加困难，并且会让人不知所措。强大的信息系统和"数据挖掘"需要与一个定义明确的领域相联系，并在这个领域之内对信息进行分析和理解。

豪尔赫·路易斯·博尔赫斯（Jorge Luis Borges）的《博闻强记的富内斯》(*Funes, the Memorious*)一书对这种没有意义的数据积累进行了精彩的讽刺。主人公艾里尼奥·富内斯（Ireneo Funes）被赋予了（或被诅咒）完美记忆一生中所见之事的能力。他记得每一分钟的细节。他可以确定很久以前某一天太阳下山的确切秒数，以及日落的每一种颜色，但他无法依据这完美的记忆改变任何事情。

他无法进行任何新思考，因为他被过去的信息压垮了。通过这个故事，博尔赫斯强调了原始数据的积累和理解原始数据所需要的创造力之间的区别。使用我们的技术时，我们需要避免变得像富内斯那样，我们应该关注那些让我们能够从这些知识洪流中筛选出金块的过程。

## 一切都取决于上下文

我们不能只是收集大量的信息，然后期望能马上理解它们。我们有时无法看清信息的本质，这是因为我们无法脱离信息的上下文来理解它。当我们收集大量的信息并把它们扔进大篮子里时，我们会更难理解它们的意思，因为它们与上下文分开了。

我们看到什么往往取决于我们在哪里看到它。例如，你在图6.1中看到了什么？

有些人会看到"B",而另一些人会看到"13"。它是数字还是字母?现在看看不同上下文中的同一内容。在图6.2中,根据上下文,我们看到了"B"。在图6.3中,根据上下文,我们看到了"13"。

它是数字还是字母?我们常常认为这样的问题只有一个正确答案。答案不仅取决于我们所看到的,还取决于我们如何理解我们所看到的。我们理解的方式不仅取决于字符本身,也取决于我们所处的环境。

图 6.1　一切都取决于上下文　　　　图 6.2　字母上下文的影响

为了理解该图像,我们首先关注单个字符(13 或 B)。接下来,我们后退一步,寻找上下文。然后我们可以再次放大视角。以我们的视角观察,我们在生活中会本能地做到这一点。我们关注细节,退一步看上下文,然后再次关注细节。缩小视角可以防止我们过于关注细节以致变得困惑而无法行动。放大视角可以防止我们过于分散注意力而无法采取具体行动。

图 6.3　数字上下文的影响

## 放大和缩小视角

与我们的视觉一样,找到正确的方法应对和理解当前信息环境的复杂性的关键是建立放大和缩小视角的过程。通过这个过程,我们可以避免产生近视或远视的自然倾向。这就像做眼保健操一样，定期将视线从计算机屏幕上移开，以避免疲劳和凝视。

我们通常利用外部感官刺激的一小部分来构建一个连贯的图像，因此，在筛选大量信息时，我们面临着几个挑战。第一个挑战是确保我们关注相关部分，这样我们的视角就不会集中在流沙或错误信息上。我们可以通过放大视角和仔细检查有趣的细节来做到这一点。这有助于我们识别导致挑战范围更广泛的模式的不确定信息。第二个挑战是确保我们能够获得最佳的视角来创建一个连贯的画面。我们可以通过缩小视角并查看大图来做到这一点。

如果我们保持缩小视角的状态，我们很快就会被所有数据淹没。在一个拥挤的聚会上，如果一个人试图倾听每一次对话，结果可能就什么也听不到。如果参加聚会的人保持放大视角的状态，他可能会专注于某一次对话，但可能因此没有注意到重要伙伴的到来。在这两个焦点之间来回移动，就像司机检查仪表盘时会看看窗外路况。我们既可以看到细节，也可以看到我们需要的更大的图景，以便在高速公路上继续前进。

靠近一块奶酪的老鼠可能会仔细地嗅一嗅，看看它是可以食用的还是已经变质了，如图 6.4 所示。这个放大视角的过程对于采取行动来说是必不可少的。但是，这只老鼠还需要考虑做出决策的背景。如果那块奶酪放在餐桌上，老鼠就可以缩回去继续吃。但是，如果是在图 6.5 所示的背景中找到了奶酪，那么最佳的行动方案是完全不同的。

图 6.4 放大视角以查看细节

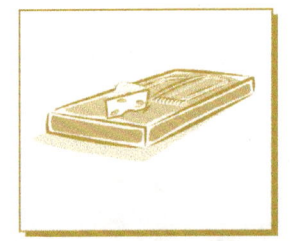
图 6.5 缩小视角以查看上下文

我们必须有一个连贯的检查细节的过程，这样我们才能够快速行动，但同时我们需要对整体背景有所了解，这样我们才能理解上下文。就像艺术家作画时一样,我们需要知道画布的整体规划,我们也要专注于在一片小叶子上作画。

我们需要不断放大和缩小视角,要把焦点转移到下一个有趣的事情上。在此过程中,我们需要从当前的关注焦点中抽身,以更广阔的视角来看待问题。我们要再次确认上下文并确保事情没有发生变化。生活太复杂了,不能认为"只有一件事是很重要的。"在你的生活中,只有一件事情是很重要的,这是极不可能的,除非是一些非常紧急的事情。这是一个平衡问题,我们需要不断解决生活中的问题,专注于下一个有趣的事物,通过缩小视角查看整体背景,然后通过放大视角来进行选择。然而,一旦你放大了视角,关键就是做出决定,采取行动,然后再缩小视角。

过时"待办事项"清单的优先事项是一成不变的,如果盲从,这就意味着我们太过执着于放大视角。如果按顺序完成"A 级"优先事项的同时,世界发生变化了会怎么样呢?

你能让目光离开你的清单并意识到这一点吗?或者即使问题已经改变了,你还会继续努力吗?视角和上下文可能会更好地服务于你。你可以放大视角、聚焦、采取行动、缩小视角和查看上下文。这有助于确保你不仅完成了最重要的任务,而且完成的是正确的任务。

## 放大和缩小视角的过程

如何参与一个不断放大和缩小视角的过程?你需要仔细观察花园里的花——识别花朵的种类、颜色,是否显示出任何疾病或需要照顾的迹象,是否需要拔除蔓延的杂草。然后你可以把视角缩小,看看整个花园。花园里所有花的总体效果如何?各种花之间是否平衡或搭配是否合适?整个花园的花都健康吗?一朵枯萎的花是个别现象还是冰山一角?你不断地重复放大然后缩小视角的过程。

先采取哪一步?这取决于眼前的问题。一些非常复杂的技术挑战是从放大视角开始的。你可能会面临特定的危机，如操作失败或严重的医疗危机。你在短时间内只专注于这个特定的挑战。在解决了严重的医疗危机之后，你可能会考虑危机背后广泛的潜在因素，如饮食和运动。其他的挑战则始于更广泛的背景，可能是你模糊地感觉到健康出了问题，或者意识到销售额下降或工厂产量缓慢下降。有了相关的大图景，你就可以开始钻研细节，看看发生了什么。

## 知道自己站在哪里

先后顺序不如来回转换视角的能力重要。你通常会从一个特定的有利视角开始，因此首先要问的问题是：面对这一挑战，我站在哪里？如果你站的位置较远，则可能需要放大视角以查看重要的细节。如果你纠结于问题的细节，淹没在它的复杂性中，则需要退后一步，看看更广阔的背景。一旦你知道自己所处的位置，就可以调整视角，以免视角变得过于固定。

你还需要知道你在寻找什么。当你走进餐厅或会议室时，通常不会花很多时间去观察每一件家具、每一幅画、每一盏灯或窗外的景色。相反，你知道这是餐厅或会议室，会把注意力集中在你要见的人身上。在这个过程中，你可能会错过很多细节，但你会专注于重要的细节。另外，如果你是一名室内设计师，正在与客户开会讨论重新设计房间的问题，那么你应该关注环境中的所有细节。在这种情况下，你会注意到更多的房间和装饰的分类，你需要更精准地识别装饰风格、配色方案和其他因素。你的视角影响了环境，也影响了你所关注的信息。

如果你知道自己在某一特定问题上的位置——接近细节或距离细节较远——你就能更好地决定你需要做什么，并开始移动，变得更近一些或更远一些。你如何做到这一点呢？

## 放大视角

放大视角是为了更专注于环境中的细节。这意味着你要离开舒适的环境，把手肘伸到沼泽里。有几种方法有助于关注细节而又不会让你完全被细节淹没，这包括严格的分析和分类方法。注意，这些方法不会帮助你改变你的心智模式，因为你的注意力是以你当前的心智模式为基础的。它们只会帮助你从复杂环境的混乱中走出来。当你退后一步，从更广阔的角度看问题时，你就能更好地理解你当前的心智模式，并看到应用新模式的可能性。

- 进行严格分析。马克·吐温（Mark Twain）讲述了一个故事：一只被热火炉烫伤的猫聪明地学会了避免重蹈覆辙，但是猫也会避开冷炉子。

你需要注意，不要对可能会让你惊慌的细节做出过度反应。比如有人曾建议购买管道胶带和塑料布，以防受到化学或生物攻击，结果导致五金店的管道胶带和塑料布被抢购一空。一天后，很多评论员都将这次抢购形容为过度反应。这种情况并没有造成伤害，但是其他的过度反应例子就没有那么温和了。你需要进行严格、谨慎的分析，以探索不同方法的风险和回报。

严格的分析有助于把重点放在理解细节上。例如，花旗银行意识到，除非公司能够提出有针对性的业务问题，否则大量收集客户的信用卡数据是没有意义的。例如，当客户电询呼叫中心时，最好的交叉销售机会是什么？这个问题的答案实际上可以根据数据集进行测试后得出。没有正确的问题、分析和视角，无论你收集了多少树木，你都不可能看到森林。制定假设和分析的严格过程有助于放大特定信息。

如"元分析"之类的分析工具可以将这种严谨性提升到更高、更广的层次。在元分析中，研究人员通过广泛的研究来获得见解。例如，元分析将考虑所有类似的研究，评估它们的结果和严谨性，并从整个样本中得出一般性结论，而不是像媒体经常做的那样，只回顾一项关于高脂食品和癌症的最新研究。

进行这种严格的分析应特别注意异常值和矛盾之处。这些可能是真理的小碎片，会让旧的模式受到质疑，或者把你带到一个新的方向。

对于一个特定的挑战，问问自己如何才能进行更严格的分析。如何检验假设、提出假设并提出明确的问题呢？你怎样才能把注意力集中在细节上，从而得到机会去尝试和学习呢？

- **分类和优先级**。拥有一个新信息的框架可以让你更容易关注细节而不会被淹没。一名科学家发现了一种新鸟，并且已经知道这种新鸟属于温血脊椎动物和鸟类。科学家可以将其与其他现有物种进行比较，以确保其是从未被发现的物种。如果这种鸟和其他鸟没有区别，则可以将该种鸟归至现有分类中。如果它与众不同，则必须在相应物种谱系中为其留出一个位置。你可以使用类似的方法来处理涌入你生活的信息。

分类方法有很多。一种常见的方法是通过邻近度来分类。例如，纸牌玩家在桥牌中按花色和数字对纸牌归类，在金拉米纸牌游戏中按得分对纸牌归类。或者，举一个非常简单的例子，厨师清洗蔬菜时，可能会在水槽的一边放一堆脏的菜，在另一边放一堆洗干净的菜，以便更好地知道哪些蔬菜已经清洗过了。这里有一些其他的分类依据。

——相似性：这些东西有多相似。

——共同性：物品是否在一起，如汽车部件或学校同一年级的学生。

——连续性：他（它）们是否能组成一条平滑的、连续的线。将拼图放在一起以区分适合图片特定部分的部件，或根据部件是否适合来为装配线上的产品选择零件，使用的就是这种分类方法。此外，按时间或字母顺序排列信息，是一种自然查看信息的连续模式。

——周围环境：他（它）们是否是以一种闭合在一起的形式存在的，以及他（它）们是否会在一个背景下一起脱颖而出。

除了更直观的分类之外，还可以使用一些统计工具来创建和填充类别。聚类和多元尺度分析（Multidimensional Scaling，MDS）等工具可以帮助识别关系，并对从消费者营销研究等来源收集到的大量信息进行分类。这些工具可以帮助筛选大量数据并得出新的见解。

优先级排序是对信息进行分类和过滤的一种重要方法。最重要的信息是什么，它与其他信息有何关系？不规范的方法是确定一组关键指标或决策，使这些关键指标或决策成为关注的对象。也可以使用更规范的方法来完成，如层次分析法（Analytical Hierarchy Process，AHP）。然而，一个重要的警告是，这一组优先事项通常基于一个既定的世界观，因此，定期回顾这些优先事项是否还符合现实是很重要的。

对生活信息进行分类的最佳方法是什么？什么框架和系统可以帮助你组织和跟踪它，并开发一个完整的知识体系，而不是随机的信息体系？请注意，在使用分类放大视角时，你将会先应用基于当前心智模式的分类。你会更好地看到细节，但你仍然是通过当前的视角看到的。你需要寻找基于其他模式的不同分类方法。

- 避免被过于宽泛的内容所束缚。你还得小心过于宽泛的关注点，它会压垮你，导致你无所作为。什么都看，也就什么都看不见。当你所处的环境中的信息过于分散，无法让你想出解决问题的具体方法时，你要小心。在一定程度上，这是一个寻找新信息的积极过程，特别是不确定的信息。但这可能导致拖延，或成为不采取行动的借口。当你感觉自己被太多数据麻痹时，是时候放大视角来查看更多细节了。

对新信息的恐惧也会让人陷入麻痹。在2003年超级碗（Super Bowl）期间播出的嘉信理财电视广告中，一名投资者正在逃离一个派送一堆糟糕的财务报表的邮递员。嘉信理财意识到，最大的挑战不仅在于吸引投资者转投嘉信理财，还在于让他们仔细考虑自己的投资情况。嘉信理财针对这一挑战，提出投资者只需95美元就能将所有账户转到嘉信理财，与嘉信理财"重新开始"。嘉信理财认识到，必须打破无所作为和恐惧的麻痹状态，才会让投资者开始了解当前的市场状况并制定合理的战略。

虽然你需要对不同的模式持开放态度，甚至需要通过不同模式的视角来看待情况，但是你也需要避免被这个过程麻痹。在考虑了不同的选项之后，你需要选择一个视角并根据它采取行动。如果一列火车正向你驶来，你可不想站在轨道中央。站在某一侧可能会更好，但是站在中间肯定会导致死亡。如果你到了这一步，就必须选择一个特定的位置或视角，即使它是"错误的"。如第10章所述，直觉可以是一种打破"分析引起的麻痹"而转向快速思考和行动的有力方法。

## 缩小视角

缩小视角可以让你看到更大的画面。这包括认识到你视野的局限、避免认知固定、理解背景、跳出溪流、使用多种方法、与他人合作。

- 认识到你视野的局限。非处方镇痛药制造商太过关注非处方镇痛药领域的竞争对手，以致当此类药物的销售量整体下降时，他们感到十分惊讶。是什么原因造成的？竞争并非来自典型的竞争对手，而是来自疼痛缓解药物的替代品，如处方药（由于纳入医保计划，对个人更有吸引力）、保健品、按摩、顺势疗法药物或针灸。

这些公司需要从更广阔的视野来理解现状。然而，要做到这一点，他们首先必须认识到自己视野的局限。

寻找相反的证据。退一步，有意识地扩大你的视野。如何以不同的方式定义你的竞争空间？在个人思维中你的界限在哪里？如何定期跨越这些界限？仅仅专注于地理上某个区域或某个特定学科，你是否过于狭隘？如果你能更清楚地识别视野内部的问题，你就可以更系统地看待外部世界。

- 避免认知固定。当你被太多的信息或太广阔的视野麻痹时，你需要警惕认知固定的问题。

太过执着是危险的。例如，一对年轻的情侣在浪漫的晚餐时间对视，如果他们没有注意到大楼着火了，他们的自我专注就会让他们陷入严重的危险。你需要退一步，从更广的角度看问题，否则一些你早期没有意识到的事情可能会突然闯进你的视野。

当你很专注地盯着空间中的一点，或专注于一个特定的问题时，你的眼神变得呆滞，可能已经失去了洞察力。这个问题可能没有正式的警示灯，但是如果你有所注意，你经常可以感觉到自己在什么时候变得眼神呆滞。有时候，你的第一反应可能是更加专注于眼前的问题。但是，最好的应对方法可能是退后一步。是时候缩小视角了。

- 理解背景。一位杰出的环境科学家非常关心节能，他曾经和一位受人尊敬的上将一起参观一艘核动力航空母舰。当他们走过一排排运转着的电动机和设备时，这位科学家正以他的环保主义者的眼光看待整个画面。

在参观途中，他转向上将，告诉他整个航空母舰可以变得小一点，从而节省很多能源。上将冷冷地看了他一眼，说："地下室有两个核反应堆。节约能源对我来说不是问题。"

这位科学家分析了他周围的所有信息，得出了一个绝妙的结论。但是结论无关紧要，因为他不像上将那样理解背景。这位科学家着眼于大局，但他没有充分了解核动力航空母舰是如何节能的。

改变环境的力量可以从可口可乐1997年丰富多彩的年度报告中看到，该报告宣称"已完成10亿的目标"，但是"还有470亿的目标仍未完成"。该报告指出，尽管该公司当年售出了10亿件产品，但估计全世界还消费了470亿件其他饮料（包括水、咖啡和茶）。该报告没有将自己的发展局限在软饮料领域（该公司与主要竞争对手百事可乐进行了长期的市场竞争），而是将范围扩大到所有饮料品类。这一观点立即带来了一系列在成熟市场增长的新机遇。

在商业领域，你经常会看到一个经理在处理一个复杂的问题时突然高兴起来，说："啊，我明白了，这是一个营销问题。"也可能是"定价问题"或"运营问题"。根据具体管理者的才能和偏好，这通常是一个直接在其专业领域内（我可以挽救局面）的问题或完全在其专业领域之外（这不是我的问题）的问题。这是一种将问题与特定背景匹配起来的能力。

你现在做决定的背景是什么？你对环境的假设是什么？你需要如何挑战这些假设？

- 跳出溪流。一直游泳而不休息是不可能的。你需要定期跳出信息流，给反思留出空间。

你还需要意识到你淹没在信息中的时间。在这种情况下，你可能会试图游得更快，但你最好离开溪流，而不是加快步伐。

你如何在一天或一周中留出时间进行更广泛的思考？你如何定期走出数据和信息流来进行反思？

- 使用多种方法。你可以使用多种方法来确保获得更广泛的背景信息。你需要开发多种信息来源，并使用不同的分析方法来验证这些信息。这个过程可以使你从多个角度查看同一问题，为你提供更多的背景信息以便理解（只要这些角度不会给你带来太多困惑）。你可以通过把不同群体召集到一起，或者把不同的研究整理成清晰、连贯的经验总结，培养多元视角。

你现在用什么方法来理解这个世界？你如何增加方法，从而可以使用多个视角来拓宽思路？

- 与他人合作。一个人很难掌握所有的相关信息或创建信息的背景。传统上，报纸编辑、电视新闻主播和其他"谈话达人"努力地整理大量的信息，提供信息结构和解释，以体现自我价值。这在过去生活"比较简单"的时候相当有效。今天，即使是最狂热的"信息痴迷者"也几乎不可能理解和解释世界上所有的知识。即使在特定的科学领域，专家之间也很难相互交流。

通过协作技术，个人现在可以考虑弄清楚具体的事情，并与他人分享。这个过程已经很好地在网络上进行了，大量的人形成了无数的兴趣小组，一起来解释新的发展或事件。

这些小组倾向于共享同一心智模式库，使合作成为可能。这既有研究各种理论的小组，也有致力于解决三叉神经痛等疑难杂症的互助小组。

在这些小组中存在着"思想领袖"，他们表现出特定的能力或智慧，并拥有追随者。这种全球现象的出现，使得小组和个人能够更好地理解世界。事实上，这不仅促进了人们的"理解"，而且也促使人们"采取行动"。

有时，你可以寻求"思想领袖"的帮助，来理解这些信息。当你找到可靠的向导、编辑、智者或导师时，他们可以帮助你处理这些巨大的数据流，以适应你的心智模式，这样你就可以根据它采取行动。鉴于现代技术的影响范围不断扩大，这些"思想领袖"可以获得巨大的影响力，每天塑造人们的认知。当然，你要对他们的想法和看待世界的新方式持开放态度，同时要避免被他们的模式束缚。

有时，你可以创建共享集体知识的平台，而不是信任某个人。拥有共同心智模式的人可以聚集在一起，共同努力理解事物，就像前面讨论的维基百科或开源目录项目那样。还有一些更有组织的社区，如沃顿研究员计划，这是一个正在进行的、由全球高管组成的决策支持网络，它将正式项目与由研究员、教师和其他专家组成的网络结合起来。

## 极端思维：同时放大和缩小视角

虽然我们已经介绍了放大和缩小视角的过程是连续的，但这通常是一个人完成此过程的方式，放大和缩小视角也可以同步进行，特别是当两个或更多的人在一起工作的时候。计算机编程领域的一项强大创新展示了这种可能性。

"极限编程"（Extreme Programming，或 XP）的核心实践之一是"结对编程"，即两个程序员在同一台计算机上一起工作来开发软件。这种方法的关键是每个程序员的任务定义。一个人充当"驾驶员"，负责放大视角，关注代码开发的细节；而另一个人充当"导航员"，负责缩小视角，在编程进行的过程中注意全局。这有助于避免过于注重编写精巧的代码而忽视全局或脱离用户需求。

完整的 XP 方法超出了本书的范围，但是它为放大和缩小视角的过程提供了一个强大的模式。例如，假设一个企业使用了一种结对编程策略的方法，一个人负责关注大局，而另一个人负责推动工作的进展，那就不需要来回切换视角以关注大局和查看细节。我们在总裁或首席执行官与首席运营官的分工中看到了这一点，但他们的角色并不总是像"导航员"和"驾驶员"那样被明确定义，不过他们具有明确划分的职责。极限编程程序员还有别的建立视角和工作关系的方法：他们可以互换角色。

从表面上看，"结对编程"的方法似乎效率非常低，需要两个人去完成一个人的工作，但支持者说，使用这种方法可以更快地开发出更好的软件。

它可以防止出现经常降低软件项目速度的全局错误。使用 XP 方法的知名公司包括福特汽车公司（Ford Motor Company）、戴姆勒－克莱斯勒（Daimler-Chrysler）、瑞银（Union Bank of Switzerland，UBS）和美国第一联合国家银行（First Union National Bank）。

如何在你的企业中创建"导航员"和"驾驶员"以应对决策的复杂性？如何才能以不同的方式来看待你完成这些任务的方法？

## 应用：你要来些炸薯条吗

假设你读过本章开头提到的瑞典研究报告，你会知道该研究报告说炸薯条和其他食物具有致癌性。你现在需要决定根据这些信息采取什么行动。你应该改变对这些食物的看法吗？你应该改变你的饮食和行为吗？你应该少吃这些食物，还是完全不吃呢？

在这种情况下，你得到的特定信息可能会挑战你当前的模式，你可以尝试放大你的视角。

- 进行严格的分析。稍微深入地看看分析背后的假设和可能已经在媒体传播中丢失的原始研究的免责声明。这项研究的优势是什么？在什么时期、有多少受试者参与？你是相信这个研究还是等待更多信息？
- 避免陷入麻痹。当人们看到相互矛盾的健康研究结果时，他们有时会绝望，认为自己什么都不能相信。这会让他们错过其他可以挽救他们生命的研究。他们把精华和糟粕一起抛弃了。通过检验手中的特定信息，你可以避免因过于集中精力而陷入麻痹。
- 分类。你需要了解这条信息与其他信息之间的关系。在这一领域还有哪些其他的研究？它说明了什么？如果你将其归类为初步研究，则其权重可能会低于长期研究的结果和基于多方面考察的结果。你可能会将其归类为有趣的、值得关注的研究，但并不认为这值得你改变饮食习惯。

然后，你可能需要缩小视角以考虑更广泛的背景。

- 协作或使用指南。你可以咨询自己的医生或营养师来评估这项研究。你也可以利用权威的网络资源或新闻资源，或者求助于朋友或同事，来评估该研究的结论。你可以更详细地查看实际的研究，以了解它们所代表的内容，并评估报道这些内容的新闻来源的质量。
- 了解你的观点。你可以考虑一下自己对这个问题的观点。你是那种典型的对媒体报道的科学研究持怀疑态度，因而可能对这样一项研究的结果持怀疑态度的人吗？你是否倾向于选择有机食品和天然食品，所以你会过于相信一项与你观点一致的研究？你自己有哪些偏见会影响你处理此信息的方式？
- 考虑背景。接下来，你需要考虑更广泛的背景。你在食物方面面临的其他风险是什么？这些风险是如何累积起来的？开车去快餐店比吃薯条更危险吗？考虑到你需要考虑的所有其他事情，你需要花多少时间来考虑你的饮食？

在这个过程结束时，你需要放大视角并采取行动（或决定不采取任何行动）。你可以决定在改变你的饮食之前搜集更多的证据，或者立即改变你的饮食，不食用可疑的食物以确保安全。但是，如果你完全停止进食，直到你整理出研究结果，那么在你得到满意的答案之前，你可能会饿死。你需要尽快做出决定。

## 缩放视角

信息发布的速度没有放缓的迹象。信息种类繁多，来自全球各种各样的渠道。

如果没有一个处理信息的程序，你可能会不知所措，然后忽略其中的大部分信息。或者你可能只专注于某个熟悉的领域，而忽略其余的部分。这两种方法都有危险。

通过放大和缩小视角，你可以更好地理解背景和采取行动所需的具体信息。你可以看到那块奶酪，并意识到它位于一个陷阱的中央。这两种视角都是做出有效决策所必需的，尤其是在一个信息流动频繁、不确定性和复杂性极大的世界里。

当你面对任何挑战时，培养一个放大和缩小视角进行观察的习惯。学会识别并意识到应当何时将视角向后拉和聚焦，以便有意识地改变焦点。当你需要后退一步，或者为了获得行动所需的具体知识而投入一个特定的细节时，不要害怕跳出主流。考虑建立一个"结对编程"团队的方法，这样你就可以同时放大和缩小视角。通过这个过程，你可以看到你要去的地方和到达那里的路径。

## 超常规思维

- 在生活中的哪些方面，无论是个人领域还是专业领域，你会被信息淹没？你怎样才能缩小视角，看到更广阔的背景？
- 在生活中的哪些方面，你被过于宽泛的视角限制？你怎样才能聚焦视角以便更仔细地观察细节呢？
- 你如何在日常生活和企业中创建惯例和结构来鼓励这种放大和缩小视角的过程？你是否可以指定企业的某些部门负责"驾驶"，而其他部门负责"导航"？
- 注意你自己的感受。什么时候你会因为太多的数据而感到消化不良？什么时候你会因为没有足够的信息而感到饥饿？你需要对这些感觉做出什么反应？

### 尾注

1. Lyman, Peter, and Hal R. Varian. "How Much Information." *University of California, Berkeley, School of Information Management & Systems*.18 October 2000.

2. Wurman, Richard Saul. *Information Anxiety*. New York: Doubleday, 1989.

3. Winchester, Simon. *The Professor and the Madman*. New York: Harper Collins, 1999.

4. *WordNet—A Lexical Database for the English Language*. Cognitive Science Laboratory, Princeton University.

5. Lyman, Peter, and Hal R. Varian. "How Much Information." *University of California, Berkeley, School of Information Management & Systems*. 18 October 2000.

6. Murray, Bridget. "Data Smog: Newest Culprit in Brain Drain." *APA Monitor*. March 1998.

7. "High-Tech Cars Could Bring Cognitive Overload." *Access ITS Intelligent Transportation Systems*. 23 January 2001.

8. Black, Jane. "Snooping in All the Wrong Places." *Business Week*. 18 December 2002.

9. Kirsh, David. "A Few Thoughts on Cognitive Overload." *Intellectica*. 2000.

10. Kirsh, David. "The Intelligent Use of Space." *Artificial Intelligence*. 1995.

11. "极限编程"方法是由肯特·贝克（Kent Beck）提出的。它的名称灵感可能源于极限运动。除了发音之外，它与微软的 XP 操作系统没有任何关系。要获取更多信息，参见 *Extreme Programming*，26 January 2003 或 Brewer, John, and Jera Design. "Extreme Programming FAQ." *Jera Design*. 2001.

# 第 7 章

# 参与心智的研发

\* \* \* \* \*

我们的一生是一场实验。你做的实验越多越好。

——拉尔夫·沃尔多·爱默生
（Ralph Waldo Emerson）

**你的刹车失灵了。**

你坐在一辆旧汽车里，来到一座横跨大河的桥的最高点。在前方一个陡峭的斜坡尽头，挤满了一排等待通过收费站的汽车。你踩下刹车，但是汽车什么反应都没有。

在这之前，你踩下刹车，车会慢下来。但现在你把刹车踩到底了，汽车速度也丝毫不受影响。在你撞上收费站附近的汽车之前，你只有几秒的时间找出问题并采取行动。

这是怎么回事？刹车线断了吗？没有刹车油了吗？

你做了一个快速的实验。你用力踩了几次踏板，刹车又起作用了。你终于松了一口气！

但是下次踩刹车的时候，它还会起作用吗？

你继续前进，一只手放在手刹上，以便在必要时使用这种粗暴的方式来刹车。你加大了与前车的间距，以便有更多的空间来进行实验。每次你试着刹车时，都发现将踏板踩到底也没有任何作用，但是多踩几下后，刹车又会恢复正常。你慢慢地将车开向维修站。

他们的检修结果是主缸中的密封装置损坏了。刹车油没有损耗，但是不多踩几次刹车板的话，压力无法从踏板传递到制动器上。

在你的旧模式开始显示出失败的迹象之前，你就需要尝试新模式了。你需要测试并了解你的实际处境，并提出有效的模式来应对。与大多数科学实验不同，这一过程不会在实验室里进行。你的实验是在混乱的现实环境中进行的，需要边实验边行动。

怎样才能更深刻地意识到这个过程，以便继续实验，而不用让手离开方向盘、让视线从道路上移开呢？如何从所做的实验中获得最大的收益？本章探讨"心智研发"的过程，借此发现、测试和完善新模式。

采用一种新的心智模式通常被认为是一种转向新思维方式的飞跃，是一种突然的转变，或猛然的突破。但是，正如资深实验师托马斯·爱迪生（Thomas Edison）所观察到的，天才仅有1%来自"灵感"，另外99%来自"汗水"。"汗水"是指进行艰苦的实验，尝试新事物，看看它们是否有效，也是测试新思想和新方法，对知识进行不懈的追求。

爱迪生在开发第一个实用的白炽灯泡时测试了1 000多种灯丝材料，从中可见实验的影子。他尝试使用了来自世界各地的金属和纤维，然后选择了碳化的缝纫线，制成了可以燃烧40小时并照亮门罗公园的灯泡。然后，他研发了发电和输电所需的电力基础设施。

然而从此之后，他没有继续对新思想保持开放的态度。他成了直流电（Direct Current, DC）的狂热支持者，一直反对交流电（Alternating Current, AC）。交流电最终被证明是更有效的，但它需要克服爱迪生的反对。通过其他人的实验，交流电被证明是更胜一筹的，并最终占据了主导地位。

实验不仅是测试和发现的漫长过程。它也是对新问题、新假设和新空间的创造性识别，或对偶然发现的价值的认识，这些会将我们引到新的方向。这也是制造新事物的创造性飞跃，就像爱迪生发明留声机一样。

调整和采用新的心智模式就像在航行。随着情况的变化，我们需要升高或降低我们的帆和改变方向，以充分利用不断变化的风和洋流。这是一个动态的、持续的过程，而不是一蹴而就的转变。我们还可以做出更广泛的改变，如改变船舶的设计或我们的模式，但是一旦我们进入海洋，我们就需要一套策略来测试和适应当前处境。

## 实验的必要性

在童年时代，我们的父母和老师给了我们看待世界的心智模式。我们一直在试验这些模式。我们被教导不要撒谎，但如果我们撒谎了会怎么样呢？

我们被告知要走人行道、注意听老师讲课，但在接受这些指令之前，我们可能会对其进行测试。小时候，孩子们往往和他们的父母有相同的模式，进入青春期或成年时期，他们就会开始质疑这些模式。在成长过程中，我们从学校、工作和文化中吸收了更多的模式。我们被赋予了工作、家庭和行为的社会规范和期望。我们还会学习规范的方法，如科学方法，然后测试它们的有效性。

有些人继续不断地测试这些模式。当我们致力于创造革命性的产品突破时，如爱迪生的发明，或者我们正在适应不断变化的环境时，这一点尤其重要。如果其他人正在测试和开发一套更好的模式，我们也需要进行更多的实验。与爱迪生同时代的蜡烛制造者要是密切关注他的实验，就更有可能取得成功。

在实验过程中，我们创造机会来识别可能在特定情况下更有效的新模式。

心智模式已经出现了达尔文式的进化。我们尝试新的方法，成功的模式被保留下来。这些模式一旦被证明了是成功的，就会被广泛采用。全面质量管理运动的早期开拓者成功地改进了流程和产品，因此其模式被广泛采用。早期的计算机用户在商业领域展示了计算机的力量，然后计算机才被广泛使用。在过去的几十年里，我们尝试了一系列构建关系和家庭的模式，为传统的婚姻和亲子模式创造了多种选择。

一个人会对不同的节食方式进行实验，在得到结果后才决定坚持或换一种方式。这些经历通常被视为实验。首先，实证研究（如阿特金斯博士的研究）、轶事证据（"莎莉用这种新节食方式在3周内减掉了20磅"）、朋友或医生的建议将我们的注意力转移到节食上。然后我们进行自己的节食实验，看看这种模式是否对我们有效。我们在开始时就测体重，并在节食过程中一直测体重，看看有什么进展，然后根据个人实验结果接受或拒绝这种节食方式。

这些个人实验的固有问题是它们缺乏控制。我们不知道如果我们没有节食或者尝试了另一种节食方式，我们的经历会是怎样的。因此，我们如何知道某种节食方式是否最适合我们呢？

如果我们不进行这些持续的实验，我们可能会陷入痛苦的境地，或者遭受当前模式的失败所带来的创伤。如果我们没有定期地检验关系是否牢靠，我们可能会对婚姻的突然失败感到惊讶。如果我们不尝试新的想法、不注意同事和上司的反馈，我们可能会失业。我们需要测试当前模式与现实的相关性，并评估潜在新模式的有效性。这是通过心智的研发（研究与开发）过程来完成的。

## 进行认知研发

我们都熟悉实验室的实验过程。个人层面的实验过程是怎么样的？是一个大实验还是一系列小实验？

这种研发方法认为外部世界是尚未被完全理解且不断变化的。我们的心智模式被视为假设。我们需要确认现有心智模式的价值，或者假设新的心智模式，并通过实验来验证它们的价值。不管怎样，外部世界总是被视为一个实验。当事情不太顺利时，就通过实验或派出"探测器"进行调查。这种方法不应该为持续的不确定性和怀疑创造借口，也不应该麻痹我们的决策能力。这是为了维持我们的竞争地位，与现实世界保持一致的基础。实验也是建立因果关系的一种方式。

我们可以采用3种方法进行实验。

- 计划实验。从我们的科学训练来看，这就是我们在讨论实验时通常会想到的东西——一种受控且定义明确的研究。我们提出一个假设，设计一个实验来验证这个假设，然后分析结果，看看它们是否证实了这个假设。我们开始形成新的理解，可能会提出新的假设或对现有假设做进一步的检验。这种方法将随机的经验转化为系统的学习，但是，除非我们有一个可以控制许多变量的环境，否则有效地进行实验是相当困难和昂贵的。
- 自然实验。我们可以通过同样的训练从自然实验中学习，但需要多加小心。日常生活中会产生大量的数据，但我们会忽略或丢弃我们所看到的或经历的大部分内容（当然，第6章提到的博闻强记的富内斯除外，因为他能记得一切）。

自然实验时刻发生在我们周围，尽管我们很少这样认为。如果我们调整自己的观点，把它们当作自然实验，我们就可以利用它们促进理论发展以解释周围发生的事情，然后研究事情是如何发生的。周围世界可能没有正式科学实验所需的控制体系，但可以充当有效的学习实验室。

- 适应性实验。第三种方法可以与其他两种方法一起使用，以确保实验过程正常进行。完成并评估每个实验后，根据需要调整假设，然后开始下一个实验。实验不是一次性的活动，而是一个不断尝试和调整并致力于持续取得成果的过程。

我们能看到正在全世界进行的一个重大自然实验，这个实验是关于个人计算机行业和娱乐行业的融合。一个早期的例子是，操作起来像电视的个人计算机，除了传统的键盘和鼠标之外，还增配了一个遥控器。人们的假设是，以目前的形势，个人计算机已经没有别的用途了，个人计算机和电视融合的市场终于成熟了。这两种机器以及其他机器的进化和融合，取决于技术的变化和消费者的行为。没人知道该技术的确切发展方向或存续时间，因此公司会尝试不同的组合。微软开始涉足有线电视网络，如加入美国消费者新闻与商业频道（CNBC），进行内容试验。索尼进入了计算机和娱乐领域。惠普等公司继续开发新设备，以测试人们期待已久的融合是否已经到来。与过去几年一样，该假设可能仍被证明是错误的，但是这种有关计算机行业和娱乐行业的新心智模式的实验仍在继续。

并非每项技术突破都代表一种新的心智模式，但是这些技术变革为尝试新心智模式提供了机会，这些新的心智模式有助于我们思考个人生活和得到商业机遇。

## 实现飞跃

有时我们需要进行重大的转变，但是如果我们能通过对新模式进行仔细的实验来做到这一点，那将对我们有所帮助。IBM将业务重心从设备转向了服务，但这种转变是通过谨慎的实验实现的。

相比之下，孟山都公司（Monsanto）从一家化学公司转型为一家"生命科学"公司，是基于大量的科学实验，但测试该模式能否被社会接受的实验还做得不够。当把自己的未来押在转基因食品上时，该公司在欧洲和世界其他地区遭遇了比预期更强烈的反对。反对者拒绝这种新的农业心智模式。他们认为，根据基因蓝图进行生产并将种子作为知识产权是对自然环境的危险操纵，其后果完全无法预测。

这更像是公司下注而不是小小实验，其本质是将公司的命运押在转基因食品将被广泛接受的假设上，因此该假设的失败代价很大。事实上，反对的声音非常大。孟山都以高昂的代价吸取了公众反应的教训，因为它过分相信它的假设。科学界对新技术的看法（一项在减少农药使用和改善收成方面具有重大益处的突破）与公众对新技术的看法（一个可能导致无法预料的负面后果的危险实验）之间存在鸿沟。

## 实验的挑战

在所有实验中，尤其是在更个人化的实验中，有一个挑战：避免误差影响我们对事情的判断。我们对心智模式的实验通常不会在纯粹的实验室条件下进行。我们几乎没有机会对具有统计意义的人群进行双盲研究。因此，实验可能会出现各种各样的误差，我们需要尽可能地避免这些误差。

- 短期误差。节食实验体现了几乎所有实验的弱点。在个人甚至科学、医学研究中，评估节食实验结果的难点在于评估其长期影响。许多饮食对个人会产生短期的改善，随着个人失去兴趣，这种改善很快就会消失。我们需要在短期内采取行动，因此并非总能在下一步之前进行全面评估。但是，如果有其他关于不同模式的长期影响的背景材料，我们应该设法找到它们。我们还应该进行"思想实验"，思考特定模式或方法可能产生的长期影响。我们可能无法证明某种长期的节食方式会导致体重反弹，但是我们也许能够看到节食总体上会产生这种结果。然后，我们可以更严格地评估特定节食方式的影响，以及它可能存在类似缺陷的可能性。通常，短期观察实验会让我们对事物进行优化以求立即获得回报。当事情没有变化时，这很有效；但是当我们不断进行优化时，我们倾向于降低灵活性来应对未来的变化。

- 缺乏对变量的适当控制。在没有适当控制实验变量的情况下，其他因素会影响结果并破坏结果。例如，研究人员在测试照明和其他环境条件对工厂工人的影响时发现了著名的"霍桑效应"。虽然工人生产力的提高似乎是环境变化的结果，但研究人员认为这也可能是因为工人在研究期间得到了额外的关注。

- 考虑到这一点，研究人员安排了仅服用安慰剂（或接受其他控制）的对照组，以考察仅服用安慰剂对所研究的疾病的隐性益处，不论安慰剂中是否含有药物还是仅含糖。类似的偏差也出现在新车购买者的满意度调查中，询问他们的购买满意度实际上就已提高了他们的满意度。

- 没有公正地看待结果。要保持公正的观点是非常困难的。我们经常通过实验来证明这一点，我们也可以通过影响事物来证明这一点。为了使我们的研发具有价值，我们需要将自己与实验结果相分离，冷静地看待数据，即使这会使我们感到不舒服。如果因为我们想要领先世界而不公开这样做，则我们至少应该培养私下做这件事的能力。只有这样，我们才能看到实验的真正意义。

## 何时进行实验：权衡认知研发的成本和回报

适应性实验需要时间和精力。我们不能总是在实验。如果实验是在行动之外进行的，它会占用你的时间和精力。客机飞行员如果把所有时间都花在模拟器上，他可能可以应对所有情况，但对公司的贡献却微乎其微。另外，我们在生活中所能做的实验是有限的。客机飞行员如果不断在驾驶舱里实验新的飞行方式，他将激怒他的乘客，甚至导致飞机坠毁。

一位涉足许多小型企业或不断变革的高管可能会无法关注现有业务。不断尝试新关系的人将无法安定下来并发展稳定的关系。总是想尝试最新方式的节食者将花费大量金钱和时间阅读书籍和实施新计划，而这些金钱和时间还不如投入锻炼中。

实验需要耗费时间、精力和体力。对于认知或思维实验，主要的代价是时间和注意力。其他类型的实验需要投入一定的人员、资金和其他资源来检验特定的假设。做实验的要点是保持低投入，但是投入仍然很重要，尤其是进行几项实验时。而且，无论对实验的投入有多低，这种对学习的投入仍然会减损你在当前模式下的操作投入。

我们应该在实验上投入多少时间和精力？实验不是我们唯一的任务。我们有自己的生活，也有自己的事业。如果根本不进行实验，那么我们最终可能会高效地完成错误的工作。如果我们进行过多的实验，那么我们可能根本没有时间工作。我们需要找到绩效与学习、运营与研发之间的平衡。

有意识地将一部分资源投入"认知研发"中，至少有助于确保我们去思考我们的模式以及如何改变它们。我们在监控、试验和开发新模式方面的投资选择，在很大程度上取决于我们或组织所面临的决策的重要性，以及最终得出错误模式的风险。这是一个复杂的演算，取决于许多因素。

- 决策的重要性。一些决策（如消费者的高投入类购买行为）需要大量的研究和关注。当消费者购买汽车时，他们会花费数小时、数天甚至数周的时间来查看车型，进行试驾，并阅读各种车型和制造商的报告。
- 他们这次愿意投资，是因为这是一个高投入的决策。相比之下，大多数超市顾客只需几秒来考虑低投入的购买，如选择一卷纸巾。通常他们根本不会对此进行思考，只是重复他们上次做的决定。但是，如果他们稍微多注意一下周围环境，他们可能会发现另一个品牌的纸巾正在出售，并尝试那款纸巾。
- 情境。我们所处的情境也会影响特定心智模式的重要性。虽然我们可能在杂货店里只花了不到一秒的时间就确定选择汤作为晚饭，但如果我们要打包它去攀登珠穆朗玛峰，我们可能会花费更多的时间。同样，如果情境使心智模式变得重要，我们需要花更多的时间去做正确的事情，花更多的时间去探索不同的模式。当我们的外部环境发生变化，增加了我们心智模式的风险时，我们需要意识到这一点。这表明我们可能需要多关注那些我们自动接受的模式。

- 简单模式的效用。什么时候一个适当的心智模式就足够了呢？尽管牛顿物理学在极端情况下有局限性，但在解释简单的力学现象时却表现得相当好，无须引入量子物理学那么复杂。为了快速找出高速行驶的汽车撞到墙上或保龄球从屋顶上掉下来的结果，牛顿的理论会很有用，而且通常会更有效。

有时，我们会很自然地投入更多的精力去挑战我们的旧思维方式或发展新的思维方式，尤其是在瞬息万变的环境中。同样，在我们的个人生活中，当我们遇到诸如失业或婚姻这样的转折点时，我们会花更多的时间思考并尝试其他方法。

当然，该论点基于以下假设：对认知研发的投资是零和博弈。实际上，并非所有实验都会分散我们对当前行为的注意力。在继续行动的同时，我们可以把自己的生活当作一个大实验，一边观察一边学习。

我们可以走相同的路线去上班，但是要注意沿途的标志。我们可以一边听书或学习新的课程，一边走到办公室。我们可以使用计算机中的旅行计划程序从而更具针对性地探索其他路线，这样一来，对新思维的少量投入就可以带来更好的路线。这样，我们可以最大限度地降低实验成本，并提高我们的实验能力。

## 走进实验室

你如何将这种适应性实验的过程应用到你所面临的个人和职业挑战中？以下是一些促进实验和学习的方法。

- 进行事后分析。外科医生的一种常见做法是每周召开一次团队会议，讨论他们一周内在手术中遇到的并发症或不良结果。首席外科医生和高级教职人员出席会议，他们可以就哪里出了问题以及可以吸取什么教训提出自己的见解。同样，军事领导人进行"事后回顾"以改进战略和战术。职业足球运动员观看他们过去的比赛视频，以提高他们的表现水平，了解为什么关键的球没踢进去。通过安排固定的时间来研究这些挑战和错误，这些团队可以从工作中进行的自然实验里学到更多东西。你多久花一次时间去了解错失的合同或失败的计划？你有很多机会可以通过查看图表或观看视频来"回顾"实验。如果你假装刚实施的计划是一个实验，你能从该实验的设计或假设中学到什么？

- 使用模拟。一个不花费时间和金钱即可获得经验的方法是在精心设计的模拟中犯错。通过模拟，参与者有经验可循并可以从中学习。模拟（无论是模拟交易大厅、飞行模拟器还是战争游戏）可以帮助你更好地理解可能面临的实际挑战。虽然基于计算机的正式模拟或战争游戏可能非常复杂和昂贵，但你也可以通过"思想实验"或角色扮演来进行非正式的模拟。角色扮演可用于检验方法和理清复杂的人际关系，它仅需要一两名志愿者（甚至只需要几把椅子及一个可以扮演所有角色的参与者）。思想实验更容易协调，因为它们完全发生在头脑中，你可以设想采取一个给定的行动，然后仔细考虑其过程和结果。这些模拟可以将体验推向极致，将许多挑战汇集在一起，探索现实生活中可能需要许多年才能遇到的可能性。此外，除了避免严重后果和为你的行为提供反馈外，模拟还可以提供机会让你退后一步，并观察该过程的进展情况，从而获得更科学的方法并分析自己的心智模式和行为。你可以测试它们，而不需要承担现实世界中此类实验经常带来的风险。

- 研究自然实验。美国陆军从最初为征兵设计的一款免费在线计算机游戏中获得了对战术策略的重大启发。事实证明，这是一个进行军事战略自然实验的极好平台。年轻的玩家会进入一个虚拟的训练营，然后被派去完成各种各样的任务。这款游戏的作用不仅在于评估潜在新兵的反应能力、智慧和战略思维。军队的战略家们意识到，当玩家们完成1亿次飞行时，这种虚拟体验的存档为研究新的战术和方法提供了一个巨大的实验室。成功玩家的非常规策略提供了一个窗口，利用该窗口可以发现可应用于战场的出人意料的操作和策略。一开始是游戏模拟生活，最后却变成生活模拟游戏。

要利用这些实验，注意你周围可能发生的事情，并从新的角度研究它们。

- 以当前模式为假设。将你当前的模式当成一种模式，而不是现实。把你将要做的决定看作一个实验，问问自己：你希望从中学到什么？你正在检验什么假设？你可以采用适当的机制或审查流程来监控结果并学习吗？你越能把你的个人理解看作对现实的假设，而不是现实本身，你就越能解放你的思维，进行实验。如果你将模式视为假设，则可以更好地对其进行测试和修改。在这个过程中，你需要意识到自己的偏见，并努力调整和弥补。伊恩·麦克米伦（Ian MacMillan）和丽塔·冈瑟·麦克拉思（Rita Gunther McGrath）为新的商业计划提出了一个系统流程，在这个流程中，公司可以积极地确定自己的假设并进行测试。使用"反向损益表"之类的工具执行"发现驱动计划"的过程，可以更明确地阐明嵌入业务计划的模糊假设，并允许业务领导者对其进行测试，以识别实验的结果何时不再符合最初的假设。

- 腾出时间和空间进行实验。通常，在繁忙的业务中，不会出现实验的过程。在个人层面上，你应该留出一部分时间去尝试新事物和探索新想法。在职业层面上，请抽出时间来创造性地思考如何看待世界和挖掘过往经历的意义。这些时间可以是早上散步的时候，也可以是从办公室开车回家的时候。你甚至可以考虑为这种思考创造一个空间。对于某些人来说，它可能是家庭办公室，在那里你有进行实验所需的"设备"（不被打扰的空间，各种各样带来灵感的资源，等等），又或者是图书馆或当地的咖啡店，在那里新的想法和活动可以激发原创思维。如果你不能有意识地创造这种时间和空间，那么日常活动将阻碍实验过程。

- 有意识地投入。除了为实验留出时间和空间外，对实验做出特定的投入也很有帮助，就像公司将一定比例的预算分配给研发部门一样。如上所述，在确定为实验投入一定的时间时，你需要考虑工作和环境的性质。3M等公司允许员工将一定比例的时间用于探索自己的原创想法。在你的生活或企业的发展过程中，有时你会或多或少地投资此类研发活动。

- 小孩子在不断地做实验。当你完成学业并走向成熟时，你用于认知研发的时间就会越来越少。在这一点上，你可以考虑通过有意识的努力增加你的实验。如果你仔细考虑你应该如何分配时间和精力，你就更有可能花时间去做实验。

无论比例是多少，你都需要投入一部分时间和资源在认知研发上，否则你将无法知道你的旧模式何时失效，或何时需要新模式。当你无法继续进行这项工作时，你很可能会遇到旧模式带来的灾难性失败，或者遇到采用不合适的新模式而陷入的灾难性失败。

- 与他人合作。实验不是在真空中进行的。你可以通过研究别人的实验、和别人分享你的挑战和成果来学习。其他人在实验中得到的结果是否相同？或者他们是否有截然不同的经历？前面讨论的事后分析是这种关注特定错误或问题的合作方式之一。一种更广泛的方法是与解决类似问题或从事相关研究的人建立实践社区。

理想情况下，这些社区应该代表不同的观点，因此你可以不断根据不同的观点检验你的假设和结果。社区还应该具有实验的思维方式，而不是一成不变的世界观。

## 实验室式的生活：连续的适应性实验

培养在生活中进行实验的习惯。当你在媒体上读到有关某家公司的报道时，问问自己是什么样的心智模式驱使其做出决策。你能从这些实验中学到什么？评论员用什么心智模式来理解发生的事情？在他们的处境下，你会怎么做？然后，持续地观察同一家公司，并考虑该结果。你能理解这些事物吗？如果是这样，为什么？如果不是，又是为什么？

这是磨炼心智模式技能和培养实验态度的重要方法。你甚至可以保留一本实验书或一本关于这些实验见解的日记。然后，对你个人生活或工作中遇到的棘手问题也做同样的事情。系统地假设新的心智模式，或从他人那里寻求新的心智模式。当你将这些模式应用于挑战时会发生什么？我们将在第12章中更详细地探讨这种行为的可能性。

通过实践，尝试新的心智模式和方法的过程将成为第二天性。它将成为你处理每一个新问题或新情况的一部分。它将是你分析信息的方式并将成为你凭直觉解决问题和理解世界的一部分。

与此同时，要小心不要成为实验方法的囚徒——就像科学家试图用科学的方法来选择浪漫的伴侣一样。这很可能是一个失败的实验，但是一个致力于应用科学方法又墨守成规的人甚至可能看不到失败。

注意实验的过程，并尝试使用你的实验方法。作为适应性实验的一部分，请对实验本身进行实验。不要太固守你的实验方式，继续挑战你理解和获取知识的方法。

## 超常规思维

- 你周围有什么自然的"实验"？你如何做出假设，并从中学习？
- 想想最近的一次失败。你如何进行事后分析以从中汲取经验？
- 你如何设计新的实验来测试你的心智模式的局限性，或者获取产生新的心智模式的灵感？
- 你如何从这些实验中获取经验并与他人分享？
- 当你的假设被你的实验证实或否定时，你如何利用这些知识来建立下一组假设并开展新的实验？

## 尾注

1. Brown, John Seely. "Peripheral Vision" Conference.The Wharton School, Philadelphia.1–2 May 2003.

2. McGrath, Rita Gunther, and Ian C. MacMillan, "Discovery-Driven Planning." Harvard Business Review.73：4（1995）. pp. 44-52.

# 第三部分

## 改变你的世界

第 8 章　废除旧秩序
第 9 章　寻找共同点以弥合适应性分歧

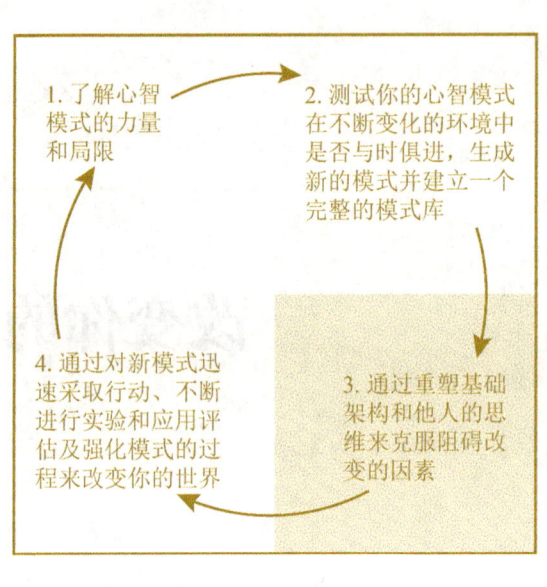

# 第 8 章

# 废除旧秩序

* * * * *

如果你建造了空中楼阁,你的工作就不会白费;那是楼阁应该在的地方。现在为其奠定基础吧。

——亨利·大卫·梭罗
(Henry David Thoreau)

**你想戒烟。**

唯一的问题是你的生活缺烟不可。你可以买一个戒烟贴片来满足你对尼古丁的渴望，但你平时习惯在早上 10 点的吸烟休息时间到大楼外和同事们聊天，这该怎么办呢？上班途中，你会在车上吸烟；下班回家时，在车上吸烟标志着你一天的完美结束。你走进商店买香烟时，总会收到收银员的热情问候。你的日常生活都是围绕香烟进行的，因此戒烟真的意味着放弃你的大部分生活。

我们建立了一个由流程和投资组成的基础来支持一个既定的心智模式，而这些都很难被废除。这些旧秩序的架构往往很难改变，即使我们有改变自己的心智模式的愿望和能力。我们知道自己想戒烟，但还是会再抽一根。我们如何才能认识和克服对过去的依恋呢？我们能化干戈为玉帛吗？本章探讨了废除旧秩序的挑战以及解决这些挑战的策略。

《奥齐和哈丽雅特》（*Ozzie and Harriet*）也许是虚构的，但它代表了 20 世纪 50 年代一种关于工作和家庭生活的心智模式，这种模式虽然没有得到广泛的实践，但却得到了广泛的认同。父亲去上班，母亲照顾家庭和抚养孩子。晚上，奥齐进门时，晚饭已经摆在桌子上了。在这种模式下，父亲在一家特定的公司工作，为买房和养家而工作，为退休而储蓄。即使这种情况已开始变化，这种模式依然存在。

当他们开始改变家庭模式时，人们发现这并不像早上醒来时拥有一种新的心智模式那样简单。他们的婚姻和工作都是基于这种模式建立起来的。关系、惯例、流程、投资和法律体系都受此影响。婚礼和喜宴产业也是基于这种模式建立起来的。公司通过此模式获取收益。如果不更改支持这种模式的基础和流程，就无法更改这种关系模式。

在某些情况下，夫妻能够改变他们的工作和家庭模式，而不必完全抛弃他们过去的关系。在其他时候，改变模式需要经历一个痛苦的过程，即打破旧模式，并尝试基于新模式重建新生活。一些人改变他们的工作和家庭生活模式后，却没有意识到随之而来的影响，当他们的生活因此瓦解时，他们会感到很惊讶。

当改变我们的模式时，我们需要注意基于这个模式构建的世界。这个世界将阻止我们改变我们的模式，使改变变得更加困难，而我们在改变模式时，需要明确知道在这个世界所做的投资。我们不能忽视旧秩序的基础，因此，当我们从一种世界观转向另一种世界观时，我们需要深思熟虑，寻找方法来拆除或重新利用这些基础。如果我们意识到这一点，我们就有更好的机会更加顺利地实施新模式——例如，改变我们的家庭或工作生活，而不是看着它们自我毁灭。

本章告诉我们如何改变过去对我们很有帮助且牢不可破的心智模式。我们已经研究了如何发现看待事物的新方法，但是如何真正把它们融入我们的生活？我们需要做出哪些改变？我们需要付出什么代价？我们愿意吗？我们是放弃一切，还是可以挽救某些东西？

## 心智模式的持久性

我们是由自己的心智模式定义的，放弃它们意味着放弃自己的一部分。我们不喜欢放弃。行为心理学家早就认识到，人们厌恶失去他们有感情的东西。在简单的实验中，受试者被要求选择购买或出售杯子，有杯子的参与者（被要求出售杯子）通常给出的价格比没有杯子的参与者愿意支付的价格高两到三倍。这些杯子都是一样的，它们都不是传家宝。然而，"煮熟的鸭子"飞了会让我们觉得它比我们得到它时更有价值。我们倾向于留住一些东西，这也适用于我们的心智模式。

除了这个损失厌恶的内部问题外，还有一个外部投资和围绕给定模式建立的关系网络的问题。一个正在考虑改变的人很可能被一群朋友包围，这些朋友的观点和价值观与他自己的观点相似或至少是兼容的。他可能娶了一个世界观相似的配偶，他的上司、雇员、同事、朋友和家人的背景都与他相似，这些人都会强化他当前的模式。

我们的心智模式是封闭的社区，其他模式都被关在门外。如果我们试图改变我们的心智模式，我们就会意识到，我们所建造的这些大门不仅能保护我们不受外来思想的攻击，而且还像一个笼子，限制了我们改变的能力。

我们的心智模式具有相当大的价值。放弃这些模式十有八九会造成创伤。对于组织或企业来说，可能会涉及大量的基础设施或品牌等方面的投资。

国家建造宫殿这样的建筑来体现对事物的永恒看法，但是在许多情况下，这些建筑被改造以用于新的目的。君主制可能在许多欧洲国家仍然存在，但更多的是代表性的而非统治性的。国王的宫殿被改造成博物馆，是为了展示国家的文化而不是支持旧的君主制模式。旧秩序的结构可以保留，也可以转换成支持不同心智模式的结构。同样，在商业领域，电网被用于为许多电力生产者提供便利，以前的零售店有了新用途，如星巴克咖啡馆，威廉姆斯公司将数英里的闲置煤气管道转换为光纤宽带通信管道（这个想法最初在20世纪80年代是成功的，但最终成为互联网和电信行业的牺牲品）。

## 改变心智模式：革命还是进化

有时这些变化可能是突然的和戏剧性的，如扫罗（Saul）在去大马士革的路上改变了信仰（或比尔·盖茨在互联网上的大转变）。扫罗改变了他的心智模式，一夜之间他的生活彻底改变了。虽然这是戏剧性的，我们很少听到扫罗的家人和同事是如何看待他的转变的，但可以想象，他在改变自己生活的过程中，一定震惊和疏远了不少人。在这种情况下，接受新心智模式是很戏剧化的，就像闪电一样，使人的旧生活瓦解和消失。这代表与旧模式的决裂，显然有很高的成本，如果现代的扫罗在没有解决现有关系的情况下做出这样的转变，他可能会因未履行旧生活的义务而离婚、破产和失业。

在其他时候，思维的转变是根本性的，但不需要与过去进行巨大的决裂。爱因斯坦在瑞士伯尔尼行走时，他的思想突然发生了转变，狭义相对论便产生了。他突然明白了问题所在及其解决办法。他非常激动，以至于第二天见到同事贝索（Besso）时，爱因斯坦没有打招呼，而是直接向这位吃惊的朋友宣布，他找到了解决办法：时间不是绝对的，而是与信号传播速度有关。这是一次真正的革命性进展，给所有旧的心智模式带来了巨大的挑战。

人们可能会在具有超凡魅力的领导者或组织的影响下采用新的模式，而领导者或组织会提供一种新的心智模式以及支持它的基础。即使是一家公司的首席执行官也有一系列的津贴，如私人飞机和助理，这创造了一种基础，可能会让他难以适应退休后的生活。

为了有效地完成转变，领导者认识到他们不仅需要改变思维方式，还需要建立相应的结构来改变行动。即使是积极的改变，如节食计划或生活规划方法，以及斯蒂芬·科维的"7个习惯"计划，也会通过小组会议、软件和日常计划来加强，让人们围绕这种新的思维方式重新安排生活。

在其他背景下也有很多类似的例子。入读商学院或参加企业培训项目，是为了学习一种新的思维方式，并以一种不同的方式看待世界。减肥和戒酒互助会等计划，建立了会议、导师和其他支持系统的结构来改变人们的行为。由于饮酒通常是一种社会行为，这些项目创造了新的社会环境和关系来促进行为的改变。

有时，为新模式腾出空间的唯一方法是清除旧基础，就像破旧的建筑需要被夷为平地，然后才能开始新的建设。（这并不意味着你永远不会再使用该模式，而是说它会退居幕后，或者在不同的基础上以不同的方式被使用）旧秩序的崩溃可能是缓慢而渐进的，也可能是短暂而灾难性的。

无论我们采取什么方式实施和拥抱生活中的新模式，我们几乎总是必须放弃一些东西，而这些"东西"通常不仅仅是思维方式。

## 为新秩序铺平道路

如果我们采用系统方法来进行改变，那么这种改变所造成的伤害就不会那么大。系统方法应解决支持旧秩序的复杂因素，如参与者和利益相关者的个人需求、流程、结构和基础、资源和信息、技术、激励和奖励以及文化。废除旧秩序的过程中必须划清新旧秩序之间的界限。

如何废除旧秩序，建立基础来支持新模式？包括如下方法。

- 认识到他人的期望是如何将你与既定的模式联系起来的。星巴克制订了一个非常激进的增长计划：在3年内将其门店在全球范围内从6 000家增至10 000家。由于增长是吸引投资者的重要因素，因此该公司被股票市场锁定为增长模式。考虑到这一重点，它必须建立使自身能够快速增长的基础，并更积极地进入国际市场。该公司最初的独资模式无法实现这种水平的增长和渗透，需要转为海外合资模式。为了刺激增长，该公司增加了更多的非饮料收入流，如无线上网和提供早餐。该公司还允许在超市和服务站使用其品牌，但这些地方对质量的控制程度较差，星巴克品牌可能会随着市场的扩大而受到损害。为了满足投资者的期望，星巴克别无选择，只能采取这样的策略。但是，改变组织结构，建立更多的合作伙伴关系，这是一个好的策略吗？在这个网络更广泛的时代，星巴克能够保持质量和个性吗？X世代的人口变化是否已经在破坏星巴克的模式了？如果是这样，该公司是否能够足够迅速地进行改变？

公司和个人都抱有期望。当他们不能实现自己的期望时，他们有时会下调期望。另外，有时候现有的基础和投入不允许公司或个人向下调整期望，如星巴克。

这也适用于父母对孩子的期望，公司对公司管理者的期望，社会对公民的期望。公司和个人会成为其模式和这些投入以及期望的囚徒。这有时会导致人们采取极端措施使世界适应模式，而不是改变模式以适应世界。

你需要意识到这些限制。改变它们并不总是可能的——星巴克无法非常轻易地退出股票市场——但通过了解投入如何使人们固守某种模式，你可以更好地防范你对该模式的投资失效和具有破坏性的情况。西尔斯（Sears）在20世纪90年代对百货商店模式的投资，或IBM在20世纪80年代对大型机的投资，都是对旧模式的投入最终白费的例子，这些都是在遭受了组织和财务实质性的痛苦之后才被发现的。

你周围的人对你的期望是如何把你和当前的心智模式联系起来的？你能做些什么来改变他们对你的表现或行动的期望，以适应你的新模式？

- 了解基础如何将你与既定的模式联系起来。你"现有的基础"将你锁定在一个特定的世界模式中。这在技术和工厂投资上很明显。企业软件系统决定了企业应对挑战的方式，而雇用和培训员工也限制了你改变心智模式的能力。当施乐成为"文档公司"时，其销售人员只是在短周期内销售产品，而无法在很长的购买周期内向首席信息官出售高概念的网络解决方案。你个人生活的所有要素——你的家人和朋友、你住的社区、你做的工作等——都会影响你的心智模式。你周围的基础是如何把你和旧模式联系起来的？如何改变此基础以支持新模式？

- 在对模式进行不可逆转的投资时要小心。当美国在线（America Online，AOL）与时代华纳（Time Warner）合并时，人们认为，合并后的公司代表着一种新模式，可以将优质内容与多样化的线上和线下渠道结合起来。但是这种心智模式并没有成功阻止互联网泡沫破灭以及广告市场衰败。预计针对广告商的新媒体策略以及在线业务的持续增长会带来大部分协同效应。该公司在基础上投入了大量资金，以创建和支持这种新模式。该模式的失败导致了史上最大的经营损失和资产负债表上最严重的资产减记。当投资者意识到这种模式是错误的时候，市场愿意将巨额损失一笔勾销。有时候你需要知道什么时候该离开和接受你的损失。有没有一种方法可以减少你在当前模式中的投资，从而保留更多在未来的选择呢？

- 从影响整个系统的感知和行动的微小改变开始。有时，一种新的心智模式可以通过一系列看似很小的行动来推进，这些行动可以从根本上改变这个系统。纽约市前市长鲁道夫·朱利亚尼（Rudolph Giuliani）和纽约市前警察局长威廉·布拉顿（William Bratton）对纽约警察局的改革始于"挑战有关城市警务的每一个假设"。一些细微但意义重大的改变，如制服的颜色或对轻微犯罪的零容忍政策，产生了很大的影响，因为它们开始动摇容忍某些犯罪的心态，并且人们的态度从事后对犯罪做出反应，转为积极预防犯罪。这一变化还给警察和公众带来了明显的成效。

他们看到了好处，并更加认真地对待法律。该部门还开始以更有效的方式实时测量犯罪模式，并要求领导对结果负责。从1993年到1994年，纽约市的重罪犯罪率下降了12.3%，其下降速度是美国全国平均水平的3倍到6倍。显然，微小的变化可能成为时尚或革命的"引爆点"，这些时尚或革命像病毒一样，从最初的少数携带者身上传播到了人群中。

2002年12月，可口可乐公司采取了一个简单的措施，宣布停止发布季度收益预测。虽然可口可乐公司的举动一开始引起了轰动，但很快就被麦当劳（McDonald's Corp.）、美国电话电报公司（AT&T）、美泰（Mattel）和百事可乐（PepsiCo）等其他公司效仿。这些收益预测往往将投资者的注意力集中在短期而非长期，并将管理层的注意力集中在超越预期的业绩上。可口可乐等公司采取了切实可行的措施，改变了报告流程，重塑了自己的模式，并试图改变投资者的观点。它改变了投资者和管理者看待他们业务的方式。有时，基础的转变既是旧模式转变的信号，也是对新模式的支持。你能做些什么小小的改变来打破旧模式，开始建立新模式呢？

- 进行严格的分析和测量。在朱利亚尼对纽约市犯罪的打击中，他意识到旧的措施只注重逮捕率和对紧急电话的反应时间，而不是公共安全和减少犯罪。美国国家犯罪统计数据每季度或每年报告一次，但速度太慢，无法产生影响。纽约市警务改革的一部分内容是制定相关的措施，并每天进行报告。人们负有改善结果的责任。

有时，这种分析的结果可以提供惊人的见解。花旗银行一直认为其持有的商业地产是一项强大的资产，并且其可能在无意中成了美国商业地产的最大所有者。但在20世纪90年代初的危机期间，其规划团队认真研究其投资组合时，他们发现，由于其整体问题，这些地产和其他"硬资产"实际上是严重的负债。

结果，花旗银行决定出售大量的商业地产。花旗银行还通过严格的资产分析减记了商业贷款和消费者债务。

你能找到什么可靠的数据来帮助淘汰旧模式并建立对新模式的支持？

- 可视化信息。为了推动整个组织的变化，可以让每个人都注意这些指标，或者将它们合并到"仪表盘"中。如果选择了正确的指标，并且业务领导人对需要更改它们的情况保持警惕，那么这些"仪表盘"可以使组织始终专注于驱动业务的因素。有数百个供应商提供"仪表盘"，越来越多的公司采用它们作为一种促进协作和在整个组织内共同行动的方式。"驱动"业务的经理可以使用这种实时反馈来调整他们的行动，培养更好的业务直觉。在个人层面上，简单地安装一个浴室体重秤可以看作对基础的改变，这可以帮助实现节食和锻炼减肥计划。

- 调整激励措施。改变激励措施可以改变行为，正如许多企业重组或合并所显示的那样。社会"工作福利"计划旨在让那些长期依靠公共援助的人重返工作岗位，这是改变激励机制有助于打破旧基础和旧思维模式的另一个例子。在伦敦，政府通过监控车牌和对乘坐私家车而非公共交通工具进城的司机征收附加费，从而阻止他们驾驶汽车进入市中心。早期迹象表明，尽管可能会出现意想不到的后果，如市内娱乐和餐饮活动减少，以及大量未缴罚款的积压，但是交通流量有所改善。这从一种思维模式（希望减少交通拥堵的市政府官员）来看可能是积极的激励措施，而从另一种思维模式（餐馆老板或负责征收罚款的市政府官员）来看可能是消极的激励措施。

你可以用什么方法来废除支持旧秩序的激励措施，并建立不同的激励措施来支持新秩序？

- 尽可能"化干戈为玉帛"（或至少化为更好的石头）。你在旧基础上的投资很难一笔勾销，但你有时不必这样做。有时，启用技术可以帮助实现这一转变，而且更改模式的代价又不会过于高昂。一些地方市政当局已经把他们的垃圾场变成了公共娱乐场所，如弗吉尼亚州的"垃圾山"公园。有时改变旧秩序比打破它更好。你如何改变当前的基础以支持新模式？

- 必要时，要乐于拆除墙壁。一些变革始于对旧模式的戏剧性和象征性的破坏。有些组织甚至会为他们的旧流程和系统，以及旧秩序的终结举行仪式。公司会聘请一位新的首席执行官来对战略进行彻底的改变，并清理旧的秩序。

在个人生活中，有时经理们在职业生涯中会遇到这样的情况，他们觉得自己需要辞掉目前的工作，即便还没有找到新的工作。通过摆脱旧基础，他们为新基础的奠定创造了空间。有时候，你不可能在不拆除旧楼的情况下建造一座新楼。你需要放弃什么来构建新模式？

- 建立信任。在做出改变时，要认识到基础中那些"看不见"的方面的重要性，如能够促进新秩序建立的文化。一个充满信任的环境可以很好地帮助你过渡到一种新的心智模式。对组织缺乏信任会破坏这个过程。充满不可靠的员工的组织往往会变得不那么灵活，不太愿意尝试新事物或听取不同的观点。提高组织中的信任水平可以为转变思维方式和改变基础打下基础。

## 空中楼阁

20世纪90年代末，互联网泡沫出现，即使投资者开始抛售伯克希尔－哈撒韦公司（Berkshire-Hathaway）的股票，沃伦·巴菲特（Warren Buffett）也坚持不涉足高科技市场。尽管受到批评，他仍坚持自己的旧模式和投资策略，他对新模式的怀疑最终被证明是正确的。你需要知道什么时候放弃旧模式，什么时候捍卫它。

放弃旧模式可能会导致混乱。你需要依靠目前的基础维持生活，并按照你的模式行动。否则，这些模式将只是假设，你将无法采取任何行动。你不能总是质疑基本心智模式的有效性，因为这样做将必定给人们或机构带来不良后果。

知道什么时候该改变，以及如何以一种有效的、非破坏性的方式来改变，是非常有价值的。某些公司和个人的文化根本无法容忍有关变革的讨论。当他们让事情偏离现实太远时，他们就走上了崩溃和革命的道路。那些能够忍受调整的人，不仅有能力适应和改变他们的思维，也有能力改变他们的世界。

个人对变革和新模式的抵制可能是引入新模式的巨大障碍。这是下一章的重点，我们将讨论模式不同或变化速度不同的人之间的"适应性分歧"。

新的心智模式就像亨利·大卫·梭罗（Henry David Thoreau）的"空中楼阁"一样，悬停在现有世界之上，并且几乎没有可见的影响。它们就像你在书中读到或在学校中学习到的新想法一样，很快就会被你当前生活的需求取代。这些新模式几乎没有现实意义，也没有任何效果，除非你为它们奠定基础。是否拥有改变旧模式基础的能力是想要戒烟的人和真正戒烟的人之间的区别。这种能力也将把仅为公司的发展方向创建了引人注目的新"愿景"的公司与实施大胆的新战略的公司区别开来。在实施新的心智模式时向前迈进的企业和个人，有能力、有勇气改变和拆除旧的基础并建立新的基础。

## 超常规思维

- 你的生活或企业中有哪些结构和流程支持当前的模式？
- 要更改模式，需要改变哪些结构和流程？
- 改变它们有多难？哪些利益相关者最有可能捍卫过去的这些框架？
- 你可以做出哪些微小的改变，来让你面对最少的反对并且有助于推广新模式？

## 尾注

1. Kahneman, Daniel, J. L. Knetsch, and R. Thaler. "Experimental Tests of the Endowment Effect and the Coase Theorem." *Journal of Political Economy*.98（1990）. pp. 1325–1348.

2. Einstein, Albert. "How I Created the Theory of Relativity." Kyoto.14 December 1922.Trans.Yoshimasa A. Ono.Reported in *Physics Today* 35（1982）. p. 46.

3. Giuliani, Rudolph.*Leadership*.New York: Hyperion, 2002. p. 71.

4. Gladwell, Malcolm.*The Tipping Point*.Boston: Little Brown and Company, 2000.

5. Byrnes, Nanette. "Commentary: With Earnings Guidance, Silence Is Golden." *Business Week.5* May 2003. p. 87.

# 第 9 章

# 寻找共同点以弥合适应性分歧

✶ ✶ ✶ ✶ ✶

世界讨厌变化,但只有变化才能带来进步。

——查尔斯·富兰克林·凯特林
（C. F. Kettering）

**你说得自己都快气疯了，但好像什么事都没进展。**

要让你十几岁的女儿摘下长时间戴着的耳机听你说话已经够难了，而当她摘下耳机听你说话时，你会觉得你们生活在两个不同的世界中。你和她讨论责任和学习，她和你聊与朋友去逛街购物。你确定你的嘴巴在动，但是在你女儿茫然、呆滞的眼中没有任何迹象表明她接受了这些信息。你说得越久，她看上去就越不感兴趣。有没有希望让你表达的信息跨越这代沟？

无论是青少年的父母，还是反对转基因食品生产商的积极分子，思维方式都会在人们之间制造分歧。要改变周围人的心态，你必须认识到这些分歧，并寻找方法来弥合它们。

尽管你很担心，但是你的女儿长大后很有可能会采取一种与你自己相似的思维方式——不管这种思维方式是好是坏。她的思维方式将从青少年的世界观转变为更成熟的世界观。这个过程可快可慢，这取决于你如何管理这些适应性分歧。

这种变化常常是通过承担成年人的一些责任来实现的——参加工作或养家糊口。正是这些经历塑造和重塑了她的心智模式。

本章探讨了不同思维方式之间的分歧，以及弥合这些分歧和加速跨思维学习的策略。

1996年，《社会文本》（*Social Text*）期刊刊登了一篇艾伦·索卡尔（Alan Sokal）的文章，题为《越界：迈向量子引力的变革性诠释学》（*Transgressing the Boundaries: Towards a Transformative Hermeneutics of Quantum Gravity*）。索卡尔真正超越的是理性的界限。这篇文章简直是胡言乱语，索卡尔自称是一位"古板的老科学家"，他提交论文的主要目的是看看一本人文科学领域的一流期刊是否真的会刊登一篇他认为是戏仿科学论文的文章。他发表的文章被称为"索卡尔骗局"。这是科学与人文之间正在进行的游击战中最著名的"战役"之一，突显了这两个世界之间的分歧。

20世纪50年代，查尔斯·珀西·斯诺（C. P. Snow）出版了著名的《两种文化》（the Two Cultures）一书，书中将科学和人文描述为"两种文化"。他认为这两个世界是如此不同，甚至没有共同的语言。他说，这种差异是解决世界问题的主要障碍。这种科学与人文之间的分歧，体现在政策制定者在将科学转化为法律并向公众解释这些规定时所面临的挑战上。在解决欧洲的疯牛病、转基因食品、干细胞研究和全球变暖等问题的努力中，可以看到这一点。当科学家与政策制定者交谈时，这个问题变得更加复杂，而政策制定者又得通过不完善的新闻媒体过滤信息，将风险传达给不同的公众。尽管将人文和科学视为两个独立的世界可能有些夸张——它们之间的联系也日益紧密——但这两种文化的独立发展代表了一种"适应性分歧"。它说明了这种分歧给交流、合作和心智模式的共享带来的困难。

## 适应性分歧

当一个人或一群人比周围人以更快或更慢的速度改变心智模式时，就会出现适应性分歧。这个人或这群人已经采取措施接受一个新模式，而另一些人则保持旧模式。这种鸿沟不断扩大，最终双方可能无法沟通，因为他们通过不同的视角来解读世界。我们看到了个人之间（多年来疏远的夫妻）、组织内部（保守派和少壮派之间的斗争）和社会内部（富人和穷人之间、发达国家和发展中国家之间的差异）的分歧。在新产品的开发中，研发人员和负责把产品推向市场的营销人员处在不同的领域，双方以不同的模式看待世界。

至少，这些分歧阻碍了新心智模式在世界上的推行。就像自然界中的海洋、河流和山脉一样，有时这些模式之间的障碍可以被跨越、弥合或穿越。当分歧太大时，则可能无法弥合，从而导致直接的战争和冲突。因此，重要的是要知道如何解决自己的分歧，并弥合他人之间的分歧，将新的心智模式带到这个世界。

当然，这里的假设是，变革的支持者认为新模式是更好的，并相信可以说服其他人。在弥合他人适应性分歧的过程中，我们也要注意他们的论点。我们需要考虑这样一种可能性：他们可能是对的，或者两种立场之间的碰撞可能会激发出某种新的模式。也许通过倾听，我们会意识到我们需要挑战和改变自己的模式。

人们常常希望弥合这些分歧。斯诺强调的人文与科学之间的鸿沟就是一个很好的例子。这两个世界找到了越来越多的共同点，因为人们看到了各自方法的实用性。诸如人类克隆之类的医学进步提出的伦理问题正在通过哲学、伦理学和其他人文领域的视角来解决。与此同时，人文学科中的哲学问题正在接受测试，如通过先进的医疗技术来观察受试者做决定时的内心世界。伍迪·艾伦（Woody Allen）曾在形而上学考试中开玩笑说，要通过观察身边学生的灵魂来作弊，这句话现在不像以前那么牵强了。人文学科也把古代文学作品放进高科技的光盘，提供与背景资料、评论和多媒体改编交互的机会。当人文学科认识到科学的用途，而科学也认识到人文学科的用途时，这两种"文化"找到了共同点。它们可能难以一直对世界保持一致的看法，但它们越来越能够通过对方的角度来看待世界。

随着世界变化加快，心智模式之间的分歧变得越来越普遍。就改变我们的心智模式而言，世界各地的差距正在扩大。例如，技术的快速发展使世界上某些缺乏这些技术或反对这些哲学或文化的地区变得落后。新技术有时会受到和早期热气球一样的待遇，热气球降落在农村的土地上，愤怒的农民用干草叉和火把迎接它们。这些差异导致了不同群体之间的压力，而他们适应的速度是不同的。这种适应性分歧可能会变得非常严重，导致对世界或问题达成共识变得非常困难，甚至不可能。

当这些岛足够小，有时就可以绕开它们。美国的阿米什人文化就是这种情况，它保留了19世纪后期的农业传统和原始技术。阿米什人在科技进步和现代世界观的文化中形成了一个岛屿。

## 空杯心态的必要性

神经生理学家沃尔特·弗里曼（Walter Freeman）得出结论，每个大脑都创造了自洽的世界。他称之为"一种认识论的唯我论"。这个术语可能将弗里曼的思维世界与我们大多数人的思维世界区分开来。他所说的"唯我论"是指：除了自身的变化之外，自我什么也不知道，自我是唯一存在的东西，自我是一个独立的世界。"认识论"是指我们知道的以及我们如何知道的。那么，我们能做些什么来把这些独立的世界从它们不断自我强化的轨道中拉出来呢？

弗里曼提出，大脑主要通过舍弃所学的过程来进行交流。在他人的挑战或影响下，大脑放弃当前的信念，通过社会合作学习新的信念。

这个过程是相当困难的。首先，我们需要认识到改变心智模式的必要性，然后我们必须愿意拆除自己的世界，开始建立一个基于新信息的新世界。当我们抛弃旧思想时，我们重启了自幼开始的学习过程，至少要参考一部分自己的经验。当我们学习一门全新的学科时，我们会被一大堆令人困惑的信息淹没，这些信息一开始毫无意义。在我们努力工作并持续学习的过程中，我们慢慢地建立了能够理解它的模式。最后，通过这个新模式看世界变得非常容易和自然。

我们都知道持续学习的必要性，但许多人低估了"空杯心态"的重要性。如果我们不学会打破那些塑造我们世界的模式，我们可能很难创造出新的模式。旧世界将不断地回来困扰我们。空杯心态是弥合适应性分歧的关键。

## 解决适应性分歧

你如何识别和弥合这些分歧呢？正如下面详细讨论的，有三种基本方法可以解决这些问题。

1. 识别自己的适应性分歧。
2. 弥合与他人的分歧。
3. 建立弥合分歧的桥梁。

### 识别自己的适应性分歧

我们的心智模式可能会把我们与他人隔绝开来，而这种隔绝和分离可能会导致问题的出现。无论你的组织或社区同质性多强，你都会发现自己生活在一个与他人有着不同思维模式的世界里。你如何避免分歧？你怎么才能在不放弃自己观点的情况下对其他观点保持开放的态度呢？

- 划分。有时人们可以通过将思维模式限制在特定的情况来处理适应性分歧。例如，一个在职业生涯中追求科学方法的研究人员可能会以完全不同的心态来选择配偶。这看似虚伪，但实际上，它可能是搭建桥梁并将最有效的思维方式用于当前问题的方法。从实践的角度来看，一个对个人生活持冷静、理性观点的科学家并不一定比一个对个人决定不那么审慎的科学家拥有更幸福的家庭生活。我们要认识到模式的局限性，并愿意针对不同的情况采用不同的模式。

- 在你自己的思维中建立一个模式库。你可利用的模式库越大，你就越能够理解或接受其他模式。如果你已经学会了通过艺术家的视角去思考世界（通过研究艺术历史或通过创作艺术的实践），那么你可能会更好地欣赏艺术家或创意发明家对你的员工的看法，这些看法看上去轻率但很可能改变你的事业。如果你能欣赏其他的模式，你至少可以和其他人就这些模式进行对话。例如，石油公司起初与环保主义者划清了界限。然而，这些公司随后意识到这是适得其反的，并开始与这些环保主义者就全球变暖等问题进行合作。现在一些石油公司甚至雇佣环保主义者并在广告中提及环保主义者。通过环保主义者的视角看世界，石油公司能够与他们合作，即使并不完全同意他们的观点。

- 注意别人对你的评价。尽管很困难但不得不承认：你的思维模式可能已经过时了或者不适应你的处境了。你需要知道世界上其他人对你的评价，并相信他们。首席执行官们召开公司大会，征求员工的坦诚反馈，向所有员工开放首席执行官的电子邮箱，并询问他们的客户以了解工作情况。英特尔在奔腾芯片方面声名狼藉的问题，以及埃克森对瓦尔迪兹漏油事故的处理，都是企业未能及时听取世界反馈的例子。除非你仔细倾听，并相信你所听到的，否则你可能很难发现你思维中的很大一部分已经与世界不同步了，直到造成很大的破坏才恍然大悟。在组织内部，这意味着要透明地进行信息共享。

一些公司创建的系统依赖特定的软件或硬件平台，而非独立于平台。这些限制使得他们很难与不同系统上的其他人进行通信，从而造成了分歧。

## 弥合与他人的分歧

当你面临将一种新思维方式引入一种敌对或不相容的文化的挑战时，你会怎么做？这是新任首席执行官、管理顾问和企业家所面临的挑战。

如何让人们相信你发现了新大陆？如何改变世代以来根深蒂固的世界观？你如何克服惯性来改变别人的思维方式？

在有效的谈判和对话中使用的许多方法均可用于弥合这些分歧。领导组织变革的方法也可用于做出"什么可能有效"的假设。弘扬新思维模式的方法如下。

- 建立对话。如果你不说话，你就没有做任何事情来消除你们之间的隔阂，也没有给别人提供任何机会来了解你的观点，或者让自己更好地理解他们的观点。让各方坐到同一张桌子上进行开放的交流。通过会议不一定能达成和平协议，但没有会议就不会有和平协议。这些对话并不总能带来思维方式的转变，但一个用于交流的论坛确实为弥合分歧和寻找共同点提供了首要基础。对话不必太长或太具体。这至少提供了一个彼此相处的机会，也许之后可以一起吃饭，这可以促进线下讨论。
- 强调效用。汽车和计算机在企业和家庭中的应用是通过强调其效用来实现的。如果你能证明某一种方法的优越性，权衡它的成本和风险，你就有更好的机会去鼓励其他人采用它。一旦汽车在技术上变得足够先进，在速度、性能和售价上超越马匹，便会被广泛使用。一旦计算机的商业效益开始显现——既节省了成本，又改善了客户服务——公司就会设立IT部门，并开始自动化他们的业务。19世纪30年代初，当赛勒斯·麦考密克（Cyrus McCormick）为他的新型机械收割机寻找客户时，农民们一开始对这个滑稽的装置嗤之以鼻。因此，麦考密克组织了展览，他在那里展示了他的用两匹马拉的机械收割机，该收割机可以完成六个收割工才能完成的工作。由此他的收割机风靡了全美国甚至全世界。就像赛勒斯·麦考密克一样，如果你能证明一个特定心智模式能带来丰硕的收获，你将能极大地促进它被接受的过程，但你需要从对方的角度来理解效用。

- 改变文化。如果在进行重大变革时未解决文化问题，则可能导致极具破坏性的适应性分歧。在1989年，索尼收购哥伦比亚影业（Columbia Pictures）似乎是天作之合，但文化冲突导致了失败。每种文化都有自己的思维方式和基础。即使思维模式在理论上可以融合，但基础真的可以融合并创建一个新模式吗？

- 如果你不能从前门进来，就找个窗户。爱德华兹·戴明（W. Edwards Deming）在他自己的国家是一个不受重视的优秀"预言家"，于是他把他的全面质量管理方法带给了更易接受的日本受众。一旦他改变了日本受众的思维方式（放弃旧的制造方法损失少，而在提高产品质量方面比美国对手获益多），戴明便能够将他的世界观重新带回美国。日本公司的激烈竞争引起了美国制造商的关注，使他们看到了这些新的质量管理方法的效用。不一定要一下子改变整个世界或你的目标受众。有时候，你可以从最容易接受的受众开始，吸引追随者，然后再回到最初的受众。咨询公司和软件公司通常在实施新方法和新技术时采用这种策略，与一些主要客户合作进行试点项目，然后利用这些经验将新的思维方式推广到更广泛的受众中。

- 引发危机。正如管理者所知道的，有时候改变组织思维方式的最佳方法是制造或引发危机。通过限制预算，你可以立即鼓励整个企业将重点放在成本削减和资源的创造性使用上。同样，一个有药物滥用问题的人可能会在朋友的干预下认识到问题所在，因为朋友的介入使该问题陷入危机。婚姻出现问题时，配偶可能会尝试以分居或离婚威胁，以引起对方的注意。危机的产生加大了风险，促使人们转变思维方式。外部危机也会产生类似的效果。第一次世界大战结束后，世界各国开始建立国际联盟；第二次世界大战结束后，联合国成为国际讨论的焦点。战争危机导致了思维方式的转变，从孤立转变为全球化的合作观。
- 寻找跨界者。在与中国企业高管的一次会晤中，本书其中一位作者（科林·克鲁克）正在尝试解释某一项目的技术细节。那是在一个很大的房间，听众的表情表明他的想法没有被接受。这不仅是因为语言隔阂，还因为技术细节过于深入。花旗银行的一位员工曹妮娜（Nina Tsao）被请来进行翻译。她讲粤语，但除了语言便利之外，她还能够将这些概念转换为听众易于理解的形式。她对科林的作品非常熟悉，对特定的听众也非常熟悉，因此她能够有效地在二者之间进行转译。因为她能从两个角度去看问题，所以她可以在科林的心智模式和中国企业高管的心智模式之间扮演一个非常有效的对话者。

即使一个世界和另一个世界之间有不可逾越的鸿沟，但通常也会有桥梁。这些桥梁通常以"对话者"或"跨界者"的形式存在，他们的一只脚在一个世界，另一只脚在另一个世界。如果你能找到这些人，他们可以作为向导和翻译，让外部世界触手可及。如果你发现自己被一种激进的观点完全弄糊涂了，环顾四周，看看你是否能找到既了解你的世界又了解新世界并能弥合鸿沟的人。

这些人可以帮助你从一种思维方式过渡到另一种思维方式。例如，在科学领域，有许多跨界者，如史蒂文·平克（Steven Pinker）、理查德·道金斯（Richard Dawkins）或斯蒂芬·古尔德（Stephen J. Gould），他们使复杂的科学课题为大众所理解。他们是伟大的沟通者，为许多人带去新的世界观。这种方法的唯一危险是，你对特定学科的看法只反映了一小群人的看法。你会因此失去一些丰富的经验。

## 建立弥合分歧的桥梁

一般来说，要将一种新模式推广到世界各地，并克服适应性分歧，大致需要三个步骤：

- 你能交流吗？如果没有对话基础，就很难推广新的世界观。
- 你能分享有价值的东西吗？如果你可以证明新观点的效用（收益与成本或风险的对比），你将增加它被采纳的机会。
- 你能建立对事物的共识吗？有了对话基础和效用示范，你就可以建立一个共同的世界观了。

你可以在你的企业或生活中创建正式的流程——如设立"魔鬼拥护者"的角色——这有助于使对立的观点合法化，并在广泛的问题上弥合这些分歧。

## 适应世界

进步有时来自一种被带入主流的激进模式。约翰·肯尼迪（John F. Kennedy）在20世纪60年代末提出的将人类送上月球的观点，激励科学家围绕这一引人注目的愿景，实现这一目标。与此同时，在测试新思想的过程中，保守派的抵制也是有价值的。正是这种激进思想和新思维模式之间的平衡，以及旧思维模式的持久性，使我们能够为特定情况选择效用最大的模式。

塞缪尔·巴特勒（Samuel Butler）曾说过："理智的人会适应世界，但不理智的人会试图使世界适应自己——因此，一切进步都依赖于不理智的人。"巴特勒的观察虽然正确，但并不全面。如果这些"不理智"的人不能使别人相信他们的观点是合理和有用的，那么就不会有什么进展。一个有着"疯狂"观点的人，即便不是被关在牢房里，也会被社会隔离。如果爱因斯坦无法说服他人相信其激进的相对论的智慧，或者抽象派画家杰克逊·波洛克（Jackson Pollock）无法说服艺术界相信他的天赋，那么他们将只是各自领域历史上的脚注。所有进展都取决于"不理智"的人，他们带着激进的观点，跨越世界的适应性分歧，使自己的观点变得"合理"。他们通过弥合适应性分歧和连接不同的世界来做到这一点。

## 超常规思维

- 你周围有哪些与自己不同的心智模式？谁持有这些模式，为什么？
- 你如何才能弥合这些"适应性分歧"呢？
- 其他心智模式的支持者从中得到了什么好处？
- 你如何展示新模式的效用？
- 你如何与那些用不同模式看世界的人进行对话？
- 谁是可以帮助你弥合这些分歧的跨界者？

### 尾注

1. Snow，C. P. *The Two Cultures*. Cambridge and New York：Cambridge University Press，1993.

## 第四部分

# 快速有效地行动

第 10 章　培养快速行动的直觉
第 11 章　挑战不可能的能力
第 12 章　挑战自己的思维方式：个人、商业和社会

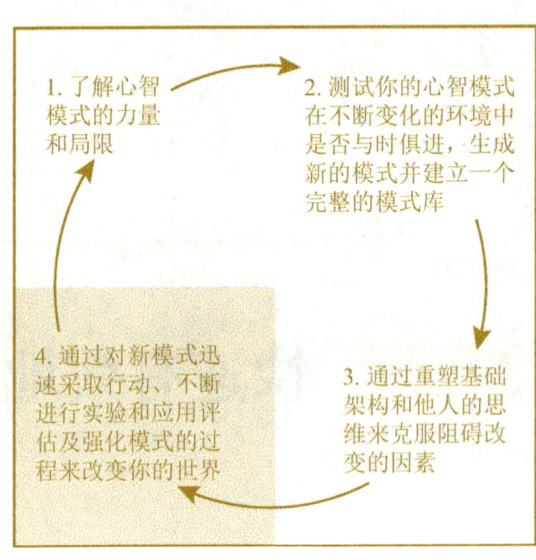

# 第 10 章
# 培养快速行动的直觉

★ ★ ★ ★ ★

物理学家的最高使命是获取普遍的基本规律，由此就能用单纯的演绎法建立起世界体系。没有合乎逻辑的道路可以通向这些规律，只有通过那些以对经验的共鸣为基础的直觉才可以获取这些规律。

——艾伯特·爱因斯坦（Albert Einstein）

**总觉得有什么不对劲。**

你处于完成交易的最后阶段。当你看着面前桌子上一堆整整齐齐的文件时，所有的细节似乎都很完美。律师和会计师都仔细地检查过了。每一个标点、每一个笔画都是正确的。这笔交易对你的公司意义重大，你也已经完成了。但当你看着桌子对面微笑的合作伙伴时，他身上的某些东西让你觉得不对劲。你是退缩了，还是有别的原因？

你决定相信自己的直觉。你找了个借口推迟完成交易。你的合作伙伴有些抱怨，但是你有时间进行更彻底的背景调查。第一个线索是，你发现他与其内部审计师已订婚。虽然所有的账本看起来都很整齐，但当你深入检查时，你发现看起来完美的账本之下有一些漏洞。你取消了交易，帮助你的公司挽回了数百万美元的损失和避免了数年的麻烦。

但你如何解释让你质疑这笔交易的预感呢？你怎么知道自己基于成百上千个交易和互动产生的直觉是正确的呢？

有时候你拥有的知识比你意识到的要多。这就是直觉。你的直觉让你在不假思索的情况下使用心智模式，并根据它们采取行动。

这对现实世界的决策至关重要。但这很难解释，如果它建立在一个与当前世界不同步的模式上，它也可能是错误的。

什么是直觉，它如何帮助我们理解情况并迅速采取行动？你如何提高直觉？如何确保你的直觉一直与当前的环境相联系？

直觉使我们能够理解情况并迅速采取行动，特别是当我们面对当前危险的环境时。它也可以引导我们对那些本应深思熟虑的问题做出迅速反应。我们的直觉可能与环境不同步，这可能会导致严重的错误。

在我们的大多数决定中，我们没有太多的时间去理解情况和采取行动。

直觉让我们能够使用我们的心智模式，并迅速采取行动。

这些模式已经被提炼成一种"直觉"，应用直觉做决策比使用分析方法更快。直觉帮助我们塑造、理解和使用我们的心智模式，以做出快速、有效的决定。

## 什么是直觉

有些人在某一特定领域有着丰富的知识，他们能够比其他人更早地了解情况。身处危机的商业领袖可以从无关的细节中抽身，把握形势，迅速做出决定。他们通常可以用比其他人少得多的信息来了解情况。采取行动需要做出决定，而这些决定往往是在压力下，受时间压力的驱使、不确定性和信息缺乏的阻碍而做出的。

决策过程有两种基本路径：分析的、规范化的过程和直觉的过程。分析方法可以编纂成册并向其他人解释。它是可重复的，并且遵循一种众所周知的流程，这种流程在商学院、医学院和其他许多必须做出重要决策的社会领域中被传授。分析方法通过一系列步骤进行，如收集问题和信息，制定选项，使用一组标准对这些选项进行评估，做出选择并建立反馈机制，包括绩效评估。简而言之，就是收集信息，进行分析，生成选项并做出决定。

真正的决定并不总是这样做出的。在某些情况下，你并没有时间这样做。在某些其他情况下，决策者可能只是不愿意遵循正式的流程。相反，他们相信自己的直觉。

如果我们有足够的时间来解决每一步，我们可能会进行分析，但如果我们需要做出快速的决定，我们需要更多地依赖于直觉。在一场国际象棋比赛中，假设两名棋手都有无限的时间考虑下一步棋该怎么走。如果他们有足够的分析能力，那么他们就能够分析在整个过程中每一步可能带来的后果，直到比赛结束。即使有时间进行仔细的分析，精确的分析机器仍然很难击败具有出色直觉的人，当然现在 IBM 的象棋计算机已经实现了（这些计算机不仅可以分析棋路，还拥有高手赛的数据库，从而可以"弄清对手的头脑"，并分析高手会如何下棋）。但是，如果你进行同样的比赛，每次只给棋手五秒的时间考虑下一步棋怎么走，或者像高手一样，一个人与多个棋手对抗，那么棋手必须更加依靠直觉来下棋。在这种环境下，他们通过直觉而不是系统分析来获取经验。我们面临的许多决定就像是限时下棋。

直觉有多重要？在快节奏、复杂、高压的环境中，如交易大厅或战场，直觉的重要性尤其明显。一项研究让华尔街交易员在模拟战场上与经验丰富的海军陆战队员进行战争游戏比赛，令人惊讶的是，交易员更为出色。怎么会这样呢？交易员似乎有更好的直觉——他们能够评估风险并先发制人。而海军陆战队遵循着更加严格的规则。这一发现促使海军陆战队放弃了在复杂多变的战场环境中进行形式化分析，敦促长官们更多地依靠直觉。我们在登山、激流皮划艇、赛车或冲浪等运动中也看到了类似的直觉，在这些运动中，对运动的深刻了解和经验转化为一系列的直觉反应和动作。

## 本能、洞察力和直觉

直觉与洞察力或本能不同，直觉通常基于某一领域的丰富经验。相反，洞察力是突然产生的，毫无预兆，就是"顿悟"时刻。直觉植根于一种不同于通过推理或感知所获得的深刻、直接的知识。

直觉让人在方案出现之前，甚至在问题被诊断和阐述之前，就已经接近解决问题。

本能和直觉的运作方式很相似。两者都使我们能够非常迅速地评估局势并做出反应。但是，尽管直觉通常基于非常深刻的个人经验（一种会变成直觉的专业知识），但本能却基于一些我们似乎天生就有或至少是生来就倾向于获取的集体经验。罗宾·霍格思（Robin Hogarth）讨论了我们的一些基本本能，如恐惧反应可能是为了保护自我而发展起来的机制。当我们听到街上有狗叫时，我们可能会立刻想要跳起来或跑开。这是无意识的。我们不会停下来思考。当我们停下来并有时间分析情况后，我们可能会发现狗是被拴着的,并不危险。这种仔细的评估是一种不同于评估环境风险的过程,它慢得多。但是瞬间反应是让我们远离危险,毕竟犯错总比被野狗撕成碎片好。

研究表明,这些反应似乎是与生俱来的。立即产生恐惧反应的部位是"杏仁核",这是大脑后部的一个小组织。传入的感觉信息也会被新皮层处理,但速度慢、分析性强。但是,如果我们面临生死攸关的紧急情况,这种分析就太慢了。我们的操作系统天生就有一些"硬连线",能够让我们很容易就感知到某些恐惧,如恐高和恐蛇。

## 创意飞跃的力量

直觉也可以带来创造性的飞跃。直觉的决策过程取决于个体。某个决策可能无法解释,其通常是情感上的,有时甚至是身体上的。爱因斯坦曾说过他有一种指尖感觉,或者叫"手指弹药"。

星巴克创始人霍华德·舒尔茨（Howard Schultz）在意大利的咖啡馆里第一次有了在美国开咖啡馆的想法时,他激动不已。

恩里科·费米（Enrico Fermi）因最先论证受控原子裂变反应而获得诺贝尔物理学奖,于20世纪30年代在意大利进行了一些中子实验。在调整这些实验的过程中,他有一种预感,要用石蜡而不是成形的铅来发射新电子。这导致了"中子慢化"被发现,最终使世界上第一个核反应堆得以开发。费米对物理学有深刻的了解,但他无法解释为什么他突然会尝试使用石蜡。使用石蜡依据的是"强大的直觉"。他感受到了自己的直觉。费米被称为一位伟大的直觉实验物理学家。

认知心理学家加里·克莱因（Gary Klein）通过对消防员的研究发现,实际上他们并不做正式的决定,也不会考量各备选项。他们会抓住看起来最好的想法,然后继续考虑下一个问题。在他的书《力量的源泉》（*Sources of Power*）中,克莱因讲述了一个消防员突然决定把他的队员从燃烧的建筑物中撤出的故事。那个消防员只是感觉到有什么问题,也解释不清楚为什么做出这个决定。不一会儿，消防员刚才所站的地面坍塌了。他怎么可能知道这一点？不知何故，这位经验丰富的消防员能够把他所有的经验总结成深刻的智慧并用于正确行动，甚至不用花时间把它转化成一个有意识的思考过程。

## 直觉的危险

虽然良好的直觉具有很大优势，但认识到其中的一些弱点也很重要。首先，当我们的直觉是错误时，我们的仓促决定将是不准确的。我们可能会做出高效的决定，但该决定却是大错特错的。

直觉可能是错误的，因为它与环境不同步。潜水员最原始的本能是强大的求生本能，表现为在深海潜水后迅速浮出水面。但随着潜水员获得更多的潜水经验，他知道他需要与这种本能做斗争，通过慢慢地浮出水面以避免减压病。

当汽车在干燥的路面上失去控制时，应该转离打滑的方向，但是在结冰的道路上，最好的策略是转向打滑的方向。

当世界变化时，我们常常会有一种直觉，这种直觉高度发展，但与我们当前的环境不符。例如，如果我们到一个文化不同的国度旅行，那里的人际交往是非常不同的，原有文化培养的人际交往直觉可能会使我们误入歧途。在这种情况下，我们需要训练自己的新直觉，以适应新情况，这样我们就知道如何在外国文化的社会环境中进行人际交往。由于这些差异，许多西方经理最初在亚洲开展业务时都会遇到麻烦。例如，他们的直觉是迅速进入达成交易的阶段，而他们的亚洲合作伙伴则强调耐心和建立关系。强硬的西方方式在这种情况下是完全错误的，经理们需要学习新的直觉。

我们对直觉的学习类型取决于我们是处于罗宾·霍格思所说的"良好的"还是"恶劣的"学习环境中。在良好的环境中，我们会得到良好的反馈，因此我们的直觉会变得更好。例如，如果天气预报员有误，则雨水或太阳将清楚地显示出他的错误。相比之下，如果一名女服务员的直觉告诉她，在忙碌的时候，她应该把注意力放在穿着考究的顾客身上，以获得更多小费，那么她就会成为实现自我预言的受害者。她越是关注这些穿着考究的顾客，越是忽视其他人，她的直觉就越会得到证实。她会从穿着讲究的人那里得到更多小费。但她从未想过，如果留意那些衣着朴素的顾客，是否能得到更多小费。霍格思称此为"恶劣的"环境，因为它增强了现有的直觉，而不是对其进行测试和完善。

1949年蒙大拿州曼恩峡谷大火时，空降森林灭火队领队瓦格纳·道奇（Wagner Dodge）带领他的小分队在火灾中逃生，他对此有着敏锐的直觉。空降森林灭火员是消防员，他们空降到燃烧的森林中，使用斧头、铲子和其他工具来控制、减缓或阻止森林火灾。这是一项危险的工作，因为火势蔓延迅速，难以预料，消防员总是担心被困在火焰中。这就是道奇和他的15人小分队所经历的。当大火冲向他和他的队员时，道奇弯下腰点燃了一小块草地，在周围形成了一片烧焦的草地。这不是设计好的用来阻止火势蔓延的逆火。相反，道奇的火是第一个被记录的使用"逃生火"的例子。这种逃生火在消防员周围形成一圈烧焦的草带，这样大火就会从旁边烧过。虽然逃生火最终成为空降森林灭火员的核心知识的一部分，但在这一点上，它是老消防员道奇灵光乍现的直觉。这救了他的命。

不幸的是，队员们的直觉与道奇的不同，也不理解他的直觉（他们知道没有时间点燃有效的逆火），他们无法理解道奇在做什么。他们可能认为他疯了。当道奇安全地蜷缩在逃生火的灰烬中时，这些人越过他冲向死亡。这是史上最严重的空降森林灭火灾难之一，队员几乎都死去了。道奇有一种绝妙的直觉，知道该怎么做，但他无法把它传达给那些本可获救的人。在当时的情况下，大火的咆哮使道奇难以与他人沟通，但即使有对话的机会，也很难让别人理解他的直觉。直觉通常很难与他人分享。

在我们的个人生活中，我们经常依赖直觉来做个人决定，如选择生活伴侣。这种直觉，通过诸如"一见钟情"、心有灵犀或化学反应等体验表现出来，往往比我们通过分析得出的结论更有智慧。另外，许多关系的建立和解除，无论是正式的还是非正式的，都充分证明了这种"直觉"是多么容易把我们引入歧途或让我们被其他因素蒙蔽。这些通常是"感觉"正确但事实却被证明是错误的实例。（也有可能当时的直觉是正确的，但两人的关系随着时间变了。这就提出了我们直觉的时间框架问题——我们应该关注的是短期的正确决定还是长期的正确决定。）

## 培养你的直觉能力

你如何发展直觉并根据直觉采取行动？直觉源于熟练地掌握合适的心智模式，以及一种本能地利用它们来快速理解事物和解决问题的方式。你还需要一种方法来评估这些模式是否仍然适合当前情况，并在必要时进行更改。

直觉能力通常与那些始终展现这种能力的特定个体相关。其余的人惊叹于他们正确处理事情的能力——做出对的"直觉"决定。我们觉得我们不是这个特殊的直觉团体的一部分。幸运的是，我们可以通过刻意努力来提高直觉技能，以培养使我们变得更具直觉的能力。下面的过程被认为是增强直觉能力的一种方法。

- 只在你的专业领域练习直觉。直觉与某一特定范畴的深层知识有关。因此，第一个关键决定是只在你觉得自己有丰富知识和经验的领域练习直觉。试图在你的专业领域之外获得直觉是徒劳的。新手，除了具有天赋的稀有人才之外，一般都没有很好的直觉。直觉来自对某领域的深度积累，直到它变成触觉而不是分析过程。演奏流畅的音乐家、场内的交易员、洞悉机遇的商人、善于沟通的领导者——所有这些人都通过多年的经验和错误磨炼了他们的直觉反应能力。在某个领域有丰富经验的人可能缺乏另一个领域的直觉。一个聪明而有直觉的科学家难以在社交场合游刃有余，因为他的经验完全是在实验室里获得的。

- 学会相信你的"直觉"。第一个要求是对自己的专业领域或知识感觉良好、充满自信。这是相信直觉决定的基础。创造空间来倾听你的直觉。培养"放手"的习惯，让你的直觉自我显现，让世界停下来，倾听你的直觉。学会充分利用人类决策过程——包括情绪、感觉或偏见。从分析方法来看，许多人认为这些都是不相关或危险的。他们不愿意说"我感觉很好"或"我感觉很糟糕"。应该让情感过程塑造和决定直觉的决策过程，因为它们反映了一个人对事物更深层次的感觉。这种方法与基于硬数据、严格分析、决策选项生成和决策选择等冰冷的分析决策过程形成了鲜明的对比。
- 与其他人携手合作。记住，你可能不得不对别人说："相信我，我知道这些东西。"分析性决策过程倾向于让我们做出基于大量数据分析的"最优"决策。直觉决策强调"理解"并寻求"可行"的快速解决方案。这种方法试图避免以"最优"作为标准，即系统地、煞费苦心地从许多备选方案中选择一个解决方案。

这抑制了灵活性。因此，缺乏数据以及依赖于无法解释的直觉做出的决策往往会引起争论。"相信我"不是一个很令人信服的论点。成功的思想领袖或专家自然会赢得尊重。为了在组织或其他团体中成功地根据直觉行动，你需要找到一种方法来让你的直觉得到尊重。

- 练习，练习，再练习。学会在困难中快速做决定是可以练习和培养的。分析练习需要结构化数据和分析问题的支持工具。凭直觉做决定需要你"理解"问题并"看到"解决方案。这种决策可以暂时"离线"。当达到一定熟练度时，就可以做出"在线"决策。

消防员和其他救援人员花费大量时间在真实情况下训练，以提高他们的直觉。他们在模拟情况下进行的快速决策的实践，可以磨炼在真实环境中的直觉和决策速度，在真实环境中，这些决策生死攸关。航空公司飞行员花时间在模拟器上学习如何快速、有效地处理他们在驾驶舱内可能遇到的一系列问题。类似地，管理人员参与模拟、角色扮演和场景规划，以便更好地调整他们的直觉，快速做出重要的业务决策。

特别是在数据不足、时间紧迫和压力很大的情况下，要练习凭直觉做决定。通过这样的练习，你会习惯并享受做决定的"直觉感受"，避免在没有做出决定时感到绝望。通过更多的练习，它将成为你在决策条件下的操作模式。自信的感觉会随之出现。

- 建立广泛的专家社区。加入更广泛的知识社区，可以获得深入的专业知识。你可能很聪明，也很善于交流，但其他人也一样，他们看待事情的方式可能有点不同。来自这个社区的令人鼓舞的对话和反馈反映了学习的意愿，通过这个过程，你可以提高直觉能力。

- 验证你的直觉。虽然在不损害快速行动的好处的情况下，你不可能在每一个环节都停下来验证直觉，但是定期测试你的直觉是很重要的。它引导你走向正确的方向，还是让你误入歧途？是与你的同事不合拍还是与你所处的环境不合拍？你所处的环境是否发生了改变，从而破坏了你过去经验的价值？你是否收到了你应该关注的负面反馈？

- 保持直觉与环境相联系。在一个复杂多变的环境中，保持健康的好奇心和对外部的关注来保持你的直觉与环境相联系。由于直觉是一个不可知的过程，你需要继续探索一个特定的领域，以保持卓越的心智模式。这包括对新思想、实验甚至直接的推测持有开放的心态。最重要的是，学会对这些新奇的事物进行反思，巩固经验。保持对外部的关注，对外部事物变得更了解和敏感——更加注意外部信号和模式。试图看到别人看不到的东西，但要用"直觉辨别"来避免被无关数据淹没。回想一下，人们倾向于从信号跳到结论，经常将差异"正常化"以证实他们的期望，而忽略重要的信号。

- 当心困惑和不确定性。当你感到困惑和不确定时，这可能是你直觉失效的迹象。精深的专业知识与高超的心智模式相关。直觉是一种可以重复的有效的方式，下意识地使用这些心智模式以便快速理解事物的能力。这意味着你总是掌控一切，而不仅仅体现在决策过程中。如果你对一个决定感到困惑，没有从你的直觉中得到一个明确的方向，这可能意味着你的直觉已经失效了，你需要更多分析性的过程、更多的经验、更多的知识或更多的信息。
- 培养"放手"的习惯。你需要培养经常地、持续地"放手"的能力，这样才能倾听你内心深处那平静、微弱的直觉之声。定期让世界停转一段时间，倾听自己的内心，用你的直觉来审视情况。这一过程是在冥想中培养的，通过静坐观察身体、心灵和呼吸，这提供了从主动分析过程中退后一步的机会。要培养你的直觉，打破常规的活动流程，为思考新事物创造空间。在正常的生活中，你会被大量的信息狂轰滥炸，大脑需要不断地在它的心智模式库中运转。有时需要有目的地放慢或停止该过程。你可以使用一些技巧，如冥想或者安排不被打扰的时间来进行反思。这能让头脑脱离外部刺激，转向内在并寻求一种平静的状态。

开始"放手"，对一些事情"轻干涉"，而不是在思想中仓促地跳进一个明确的心智模式。转向新事物是一种关键能力，它使我们对世界的真实本质更加敏感。探索新的想法，扩展你的视野，用更强或更有效的解释取代现有的观点。你可以回顾你最近的经历，用更敏锐的眼光看待事件和经历。你也可以思考新的想法。在变得关注自我和内省之后，你会冷静下来，陷入沉思，重新引导自己去寻找新事物或萌芽阶段的事件。最终，你可以朝着"现象学"的观点迈进，形成无须构建详尽的解释理论即可理解事物的能力。

- 把直觉和分析结合起来。培养良好的直觉并不意味着你应该放弃严谨的分析。当你有时间、信息和资源来制定一个分析解决方案时，这通常是一个好主意。你仍然可以根据你的直觉来测试结果，而这些结果还可能矫正你关于正确决策的直觉。

你应该结合使用最好的分析过程和直觉过程，这样你就可以细化你的心智模式，并更有效地应用它们。决策树、价值期望模型、权衡模型（如结合分析、优化模型、模拟或层次分析法）等工具有助于将直觉和主观见解与严谨的分析结合起来。在做决定的时候，想办法将你的头脑和内心中最好的一面结合起来。

## 运作中的心智模式

你知道的比你想象的要多。通过使用直觉，你可以利用你隐含的心智模式，这通常比正式过程更快。你需要对直觉的危险保持警惕——特别是与当前环境不符的错误直觉的危险。只要谨慎和谦逊，你就能学会通过相信直觉去理解这个世界。

这种"手指尖的感觉"感觉通常会引导你走向新的方向，而你可能无法通过外在的过程看到这些新方向。在令人困惑的环境中，你可能倾向于依靠广泛的分析来做决策。尽管分析非常有价值，但最好用来为直觉提供信息，而不是代替直觉。获得你需要的信息，然后学会倾听你的直觉。

直觉可以让你把心智模式的全部能力以及你的经验、思想和感觉集中到决定性的行动过程中，帮助你创造性地重新思考你所看到的，并揭示世上的哪些方面是很重要的，而这些方面在你的脑海中可能并不明显。直觉可以帮助你发现新的模式，并得出新的结论，从而改变你理解世界的方式。

## 超常规思维

- 在最近的个人或职业决策中，你相信自己的直觉吗？结果如何？
- 接受当前的严峻挑战，在一个平静的时刻，问问自己：在这种情况下，我的直觉是什么？
- 你能每天抽出几分钟来练习倾听直觉吗（即使你没有采取行动）？直觉告诉了你什么，它与你通过分析过程得出的解决方案有什么不同？
- 你周围或新闻报道中的人们是如何信任或不信任他们的直觉的，结果如何？
- 你的直觉在哪些方面让你失望了？你需要如何"改进"你的直觉以适应当前的现实环境？

## 尾注

1. 摘自柏林物理学会成立前，在1918年为马克斯·普朗克（Max Planck）举办的60岁生日庆典上发表的演讲。

2. Stewart，Thomas A. "Think with Your Gut." *Business 2.0*.November 2002. pp. 99–104.

3. Hogarth，Robin "Insurance and Safety after September 11：Has the World Become a 'Riskier' Place?" *Social Science Research Council*.

4. Hogarth，Robin.*Educating Intuition*.Chicago：University of Chicago Press，2001.

5. Maclean，Norman.*Young Men and Fire*.Chicago：University of Chicago Press，1992.

# 第 11 章

# 挑战不可能的能力

*****

人们用超常规思维可以实现什么？我们已经看到了心智模式的转变帮助实现了"奇迹一英里"、创造了新的企业、改变了人们的生活。本章以三个"超常规思想家"霍华德·舒尔茨（Howard Schultz）、奥普拉·温弗里（Oprah Winfrey）和安迪·格罗夫（Andy Grove）为例，阐述了新心智模式的力量。虽然这些人的行动和影响范围各不相同，但他们都以改变自己生活、行业和世界的方式挑战了周围人的思维。

## 霍华德·舒尔茨

看起来霍华德·舒尔茨一定是疯了。

他从纽约的住房项目白手起家，获得了大学学位，并晋升到哈马普拉斯特家居用品子公司的副总裁兼总经理，负责该公司在美国的业务。他在曼哈顿上东区有一套公寓，薪水高，有公务车，还能在汉普顿度假。然而他放弃了一切——只是为了挑战不可能。

1981年，舒尔茨注意到西雅图的一家小型零售商正在订购大量的滴漏式咖啡机。他走遍全国，拜访了星巴克咖啡、茶和香料公司，这是一家10年前由一群企业家和咖啡爱好者创立的小公司。

星巴克那时只有4家门店，向数量虽少但不断增多的鉴赏家出售高品质的烘焙黑咖啡豆。

### 重新思考咖啡

1981年，西雅图处于衰退之中。波音公司，这个城市最大的雇主，已经进行了大规模的裁员。咖啡行业正处于成熟期，经历着激烈的价格战和质量下降。这是一项没有专有知识产权的商品业务。人均咖啡消费量从1961年每天3.1杯的峰值下降，这种下降趋势一直持续到20世纪80年代末。在许多局外人看来，这似乎是进入这个最糟糕行业的最糟糕时机。

然而，舒尔茨看到了一些不同的东西——他因此在1982年放弃了自己的工作，来到了3 000英里外的星巴克担任营销主管。正如他在《将心注入》（*Pour Your Heart Into It*）一书中所写的那样，生活就是"看到别人看不到的东西，不管谁劝你不要这样做，你都要去追求"。

## 发现与直觉之旅

1983年,舒尔茨到意大利出差,发现了欧洲浓缩咖啡吧。他的思想发生了变化。他在意大利的咖啡馆里看到了一种边喝咖啡边进行社区互动的模式,他决定把这种模式带回美国。

当时的星巴克不卖煮好的咖啡,它只出售整颗的咖啡豆和设备。当舒尔茨对美国咖啡馆的前景充满热情时,他发现他无法转移公司的重点。创始人对改变他们利润丰厚且不断增长的业务方向不感兴趣。舒尔茨获准根据此新模式进行一个小型实验,在星巴克商店的一角设置一个浓缩咖啡吧。尽管实验是成功的,但创始人仍然不愿意改变他们的模式。

他们想保持自己作为咖啡烘焙师的本源。

面对这种"适应性分歧",舒尔茨在1985年离开了星巴克,把他的实验带到了一个更广阔的舞台上。他创办了自己的意式咖啡吧——每日咖啡。许多人说这是不可能的——他不可能改变美国人对咖啡的看法。但是,舒尔茨写道:"没有人会因为相信反对者而有所成就。"两年后,他成功地收购了星巴克。

在1992年首次公开发行股票时,星巴克已发展到165家门店。到2004年,该公司拥有近7 500家门店和75 000名合作伙伴(员工),销售额超过44亿美元。该公司已经连续142个月(将近12年)实现正增长。自上市以来,这一巨头每年以20%的速度增长,每股收益每年增长20%~25%。

## 弥合适应性分歧

舒尔茨不仅改变了星巴克公司的思维和行动,还复兴了一个成熟的行业,并改变了一代人喝咖啡的习惯和观点。大多数美国咖啡消费者在超市里根据价格购买罐装咖啡。星巴克投入时间和精力教导人们欣赏优质咖啡和各种浓缩咖啡。它成功的关键是在咖啡馆里创造了一种体验——星巴克的体验。满意的顾客把自己的体验告诉了其他人,从而一传十,十传百。

## 构建新秩序

在转型之下,需要付出很多努力。为了改变美国人喝咖啡的习惯,舒尔茨不得不重新思考关于咖啡体验的一切,从家具和商店的设计到咖啡师的培训。他必须提供足够多的优质咖啡,同时还要有一批能够在一个又一个城市创造咖啡体验的咖啡师。

他建立了一个新的基础架构来支持和实现这个心智模式,并密切关注公司成功的重要细节。其他零售公司只给员工最低工资且无任何福利待遇,而星巴克甚至为兼职员工提供股票期权和福利待遇。当其他咖啡买家利用市场低迷的时机来压低咖啡种植者的售价时,星巴克向咖啡种植者支付的价格却维持不变,从而赢得了咖啡种植者的忠诚,并确保了优质咖啡的长期供应。

随着星巴克的发展,尽管舒尔茨仍然忠于公司的核心价值观,但他不得不不断挑战自己的思维和华尔街的传统智慧。舒尔茨宣称,要让星巴克从一家小公司转型为受人尊敬的全球品牌,他个人面临的最大挑战是"重塑自我"。他把自己从一个看到了浓缩咖啡吧的可能性并为之筹集资金的梦想家,变成了一个建立了成功大公司的职业经理人。他也不得不挑战自己对个人成功的看法,离开高薪、稳定的工作去追求自己的激情。

## 放大和缩小视角

在1995年的圣诞节期间,星巴克发展缓慢,华尔街抱怨说,公司的领导们在追求快速增长的过程中分散了注意力。为了解决投资者的担忧,该公司进行了一些短期的运营调整,但仍将重点放在长期创新上,如推出冰激凌,并与联合航空公司结成战略联盟,这最终帮助它变得更加强大。

多年来,星巴克推出了多种创新产品以扩大其业务范围,例如,预付卡(在2002年增长到7 000万张)、店内游戏和光盘的销售,以及与百事可乐、首都唱片公司(Capitol Records)、巴诺书店(Barnes & Noble)、诺德斯特龙(Nordstrom)和卡夫公司(Kraft)(超市分销)等公司的国际合作和联盟。与此同时,该公司一直密切关注重要的短期业绩和运营问题。

正如舒尔茨所言，首席执行官既要有"近见"，又要有远见。换句话说，领导者需要能够缩小视角，看到大局；又要能够放大视角，关注细节。

## 连续实验和挑战心智模式

随着公司的持续发展，星巴克改变了产品线，推出了含有普通牛奶和脱脂牛奶的饮料，以及星冰乐等新饮料。尽管管理人员制订了系统的计划并坚决保护文化和品牌，但是追求成功和快速发展意味着必须改变思维方式。

总裁兼首席执行官奥林·史密斯（Orin Smith）表示："我们一直乐于改变我们对事物的态度，因此改变了我们的公司。"他加入公司的时候，整个公司的咖啡都是由通风良好的仓库里的一个咖啡烘焙机提供的。他评论道："阻碍增长的巨大障碍往往是自我强加的。在我来到这家公司的时候，最大的争议就是我们是一家咖啡公司。我们买世界上最好的咖啡豆，然后用最好的方式烘焙。如果人们不喜欢它，那就太糟糕了。我们用来做拿铁咖啡的牛奶是什么？是脱脂牛奶。然后我们有了星冰乐（现在占我们业务的20%，是我们拥有的最重要的创新）。我们永远不会采用特许经营，因为我们需要对商店进行全面控制。而如今，我们正在做第三方授权。我们愿意一次又一次地改变那些我们永远不会做的事情。我们将继续重新定义和扩展核心业务。"

该公司继续尝试创新，例如，快速预订（在丹佛地区的60家门店中进行试点）、早餐服务（在西雅图的20家门店中进行试点）以及与t-Mobile公司合作，在所有门店实现无线互联网连接。

并非所有这些实验都能成功。一家星巴克家具店——提供家庭版的咖啡家具——静悄悄地倒闭了。但许多尝试都带来了新的收入和利润来源，同时也让品牌和门店保持新鲜感。

## 超越可能

纵观星巴克的历史，星巴克挑战了不可能，并且最终成功了。它设置了扩张目标。早在1993年，该公司就告诉华尔街，到2000年，它将拥有2 000

家门店。这是个长期规划，但是似乎是可行的。到2000年，该公司已经开设了3 000家分店，而且还在继续扩张。

作为一个小小的新兴公司，该公司设置了一个令人难以置信的目标，即打造一个与可口可乐一样强大的品牌。在过去的几年中，星巴克被评为世界上最受尊敬的品牌之一。史密斯说："我们设置了近乎荒谬的超高期望。""每一步，我们都把门槛定得很高，然后努力达到或超越它。"

在你周游世界或进入新的思维领域的过程中，你发现了什么像舒尔茨的欧洲浓缩咖啡吧这样的新创意？你怎样才能把他们带回家，从而改变你对待工作和生活的方式呢？关于改变你周围人的心智模式的难度和可能性，你能从星巴克的发展中学到什么？你是否过早地放弃了那些挑战不可能的想法？

## 奥普拉·温弗里

奥普拉·温弗里（Oprah Winfrey）以脱口秀主持人为起点，开始了她的广播事业。她在密西西比州的科修斯科长大，家里没有电，也没有室内自来水管道。她的未婚父母在她出生后不久就分开了，留下她由外祖母抚养。六岁时，她搬到密尔沃基和母亲住在一起。小时候，她曾遭到亲戚的虐待。后来她逃跑了，并在13岁时被送到一个少年管教所。

这段艰难的童年后来影响了她主持节目的方式，也影响了她在脱口秀和她的书中选择的话题。

14岁时，她和父亲一起生活，父亲的指导和管教（例如，她每天不学会5个新单词就不能吃晚饭）帮助她走上了成功之路。她的演讲为她赢得了大学奖学金。她毕业于田纳西州立大学，获得了传播学和戏剧专业的学位。

奥普拉从大学开始播音，并成为哥伦比亚广播公司纳什维尔分公司晚间新闻的联合主播。毕业后，她成为美国广播公司巴尔的摩分公司的记者和联合主播。她看起来一点也不像一个成功的主持人，所以公司把她送到纽约进行美容改造。有人说她的头发太粗、鼻子太宽、下巴太大。但她成功了，不是因为她适应了这个模式，而是因为她打破了这个模式。

## 重新思考脱口秀

1977 年，奥普拉成为《巴尔的摩脱口秀》（Baltimore is Talking）的联合主持人。在她的领导下，该节目的收视率比《唐纳休脱口秀》（Donahue）还高，而《唐纳休脱口秀》当时是该类型节目的"王者"。在巴尔的摩工作 7 年后，她被美国广播公司芝加哥分公司聘用，在那里她成了衰落的《芝加哥上午》（A.M. Chicago）脱口秀的主播。因为节目做得不好，所以她可以自由地尝试。在她彻底更新了节目内容之后，《芝加哥上午》的排名从最后一名到与《唐纳休脱口秀》齐平仅用了一个月的时间，然后其排名一路飙升。1985 年 9 月，该节目更名为《奥普拉·温弗里脱口秀》（The Oprah Winfrey Show）。在不到一年的时间里，它成了美国全国第一的脱口秀节目。她连续 20 年都是脱口秀女王。《奥普拉·温弗里脱口秀》在 100 多个国家拥有 2 300 万名观众。

奥普拉脱口秀的模式非常与众不同。当唐纳休拿着麦克风像记者一样采访观众获取信息时，温弗里则像朋友一样与观众见面。

她与他们进行自我表露的对话。她讲述了自己的挑战和经历。她的风格吸引了女性观众。她意识到下午坐在客厅里与观众交流的必要性。她谈到了她的个人问题、她受到的童年虐待、她和她的伴侣斯特德曼（斯特德曼和奥普拉一样，观众都知道他的名字）的关系。她把一个公共媒体变成了一个私人的、亲密的媒体——就像和几百万观众变得亲密起来那样。

在这个过程中，奥普拉改变了脱口秀的性质，使之亲民化，并使之更具个性。她的目标是"改变人们的生活"。她改变了人们对脱口秀节目和他们自己生活的看法——实际上，就是挑战了他们的心智模式。在她的节目和为她的读书俱乐部选择的话题中，温弗里也处理了对她个人来说很重要的难题。同时，她致力于改变观众和读者的思维方式，鼓励他们挑战自我。

## 适应性实验：书籍、杂志和其他媒体

在奥普拉改变了人们对脱口秀节目的看法，并拥有一群忠实的追随者后，她就可以把她的观众引向新的方向。她将自己的新观点应用到其他领域，震撼并挑战了这些行业的思维。1996年，她创办了一个广播读书俱乐部，鼓励数百万观众阅读严肃小说。这些书在传统上都不受欢迎，因此她创造了一个全新的读者群体。

虽然书评曾经是《纽约时报》等印刷出版物主导的领域，但她的节目却代表了一种可以与广大读者讨论书籍的新形式。这使得温弗里成为出版业品位的"仲裁者"，在出版业，她的认可可能意味着50万册或更多的销量。在两年内，她已经帮助20多本书获得广大读者的喜爱。

《时代》杂志作家理查德·拉卡约（Richard Lacayo）评论道："奥普拉·温弗里的读书俱乐部并不是读写史上最重要的发展。例如，首先是书面文字的发明，然后是活字印刷。因此，奥普拉名列第三。但是，至少在出版商和书商看来，这排名并不低，因为出版商和书商每个月都热切期盼着她在节目中提到的任何书籍。"

2000年4月，她创办了《奥普拉杂志》（O,the Oprah magazine），撼动了杂志出版业。《奥普拉杂志》成为史上最成功的杂志初创公司，在一个月内读者人数迅速增长至200多万。在艰难的广告环境中，像《女士》（Mademoiselle）这样的杂志都停刊了，她的杂志却在继续发展。其他杂志的封面上都是模特，而《奥普拉杂志》的封面上则是奥普拉·温弗里。她将自己的人际关系和观点扩展到了这个新频道。她打破了一些主要杂志出版商的规则，把目录放在第2页，而不是第22页，这样读者就不必费力地看无数的广告。1998年，她还与人共同创办了一家面向女性的有线电视和互联网公司——氧气媒体（Oxygen Media），并成立了电影制作部门，制作了屡获殊荣的电影，如《相约星期二》（Tuesdays with Morrie）。

她的个人投入并不局限于商业活动，她还积极地为世界各地的许多慈善机构工作。她的"奥普拉的天使网络"从观众那里筹集了数百万美元，用于在世界各地建立学校并援助儿童。她还积极推动有关虐待儿童和对她很重要的其他议题的立法。

## 弥合适应性分歧

在发展她的读书俱乐部的过程中，奥普拉利用她在脱口秀节目的知名度，在她的观众和令人生畏的现代文学世界之间架起了一座弥合"适应性分歧"的桥梁。她将这些书的主题和她在节目中提到的主题联系了起来。

她把这个曲高和寡的世界变成了一种个人化的、吸引人的、能改变观众的世界。在这个过程中，她作为一个向导或对话者，带领数百万观众进入这个新的领域。这种方法在创造新的读者群方面具有巨大的力量。它改变了她的观众看待文学的方式，也改变了许多作家和出版商看待观众的方式。他们不再仅仅为评论者而出版。他们为温弗里和她所代表的读者出版。一旦她的听众开始追随她的领导，她就可以把他们带到各个方向，因为她是一个值得信赖的建议来源。

## 构建世界秩序：支持奥普拉品牌的哈博出品公司

温弗里创建了一个基础来支持她的个人脱口秀的新模式。当玛莎·斯图尔特（Martha Stewart）等人纷纷上市公司或将自己的名字添加到各种各样的产品上时，温弗里却小心翼翼地保护着自己的名字和不断壮大的帝国，保护着这个品牌和她的娱乐公司的模式——一家私营公司哈博公司（Harpo, Inc.）（将奥普拉的英文反过来拼写）。这种严格的控制不仅帮助她建立了个人财富，也确保了对她的节目、杂志和其他项目的编辑内容的控制。她确保这些项目表达了她自己的想法和个性。

《奥普拉·温弗里脱口秀》多次赢得艾美奖的最佳脱口秀节目奖项，温弗里也被评为最佳脱口秀主持人。1993年，她获得了霍拉肖·阿尔杰奖（Horatio Alger Award），该奖项授予那些克服逆境成为各自领域领袖的人。1996年，她被《时代》杂志评为美国25位最具影响力的人物之一。她还出现在福布斯收入最高的艺人名单上。

在这个过程中,她不断地重塑自己、自己的行业和观众的思想。她把自己的心智模式带到脱口秀节目中,并改变了它。她向观众传达的信息也是挑战自我。她让她的观众意识到他们自己的心智模式的局限性和他们自己生活中的可能性。

正如她在自己的一场名为"活出最好的自己"的路演中所说的那样:"如果你对各种可能性持开放态度,你的生活就会变得更宏伟、更广阔、更大胆!"

你的童年和背景有什么独特之处?它们是如何影响你看待世界的方式的?你独特的心智模式让你看到了什么可能性,就像奥普拉·温弗里看到重新构思脱口秀节目的机会的方式一样?你在一个领域采用了哪些新的视角,这些视角可能会被运用到其他领域,就像温弗里把她个人的沟通方式从广播转到读书俱乐部再转到杂志上一样?

## 安迪·格罗夫

安迪·格罗夫在动荡中开始了自己的人生。他是英特尔的第四号员工,也是这家芯片制造商的中流砥柱。他1936年出生于匈牙利的一个家庭,经历过第二次世界大战,于1956年前往美国。1963年,他在伯克利取得化学工程博士学位后,加入了仙童半导体(Fairchild Semiconductor)初创公司,当时半导体革命刚刚开始。他那残酷的童年可能塑造了他的坚毅本性、决心和成功的动力。高深的工程教育塑造了他强大的分析技能、对细节重要性的理解,以及对数据及其含义的偏爱。他继续在这个基础上构建新的视角,将英特尔打造成一家领先的企业,并在此过程中转变了自己的思维。

### 持续创新和实验

鲍勃·诺伊斯(Bob Noyce)和戈登·摩尔(Gordon Moore)创立了英特尔,

这成为格罗夫个人事业之旅的起点。他最初的职责是管理工程和生产，他对运营进行了严格控制。

格罗夫以注重工作细节著称。据《金融时报》每周科技专栏作家蒂姆·杰克逊（Tim Jackson）说，"他聪明过人、能言善辩、积极进取、执着、整洁且有纪律"。他的个人和商业经验使他认识到无常的重要性，这导致了他后来形成了一种"偏执狂"的态度，并专注于改变思想和转变业务的动力。

20世纪70年代末，随着微型计算机革命的发展，英特尔面临着多重挑战。为了应对这些挑战，该公司在许多领域拥有强大的管理人才，包括营销和设计。公司的主要优势在于半导体制造，这是出了名难以掌握的技术。摩托罗拉和齐洛格公司（Zilog）推出了更具创新性的微处理器，英特尔感到了威胁。该公司的反应是臭名昭著的"粉碎行动"——一种毫不妥协的摧毁新兴竞争对手的努力。这就是典型的格罗夫，十分偏执和"为达目的无所不用其极"的格罗夫。这的确有效，英特尔以超过90%的市场份额继续统治着世界微型计算机行业。

从x86系列到奔腾系列的多次迭代，格罗夫通过实验和有计划地淘汰芯片设计，为继续维持英特尔的领导地位奠定了基础。对于市场领导者来说，这是一条勇敢者的道路，在这道路上会遭受许多破坏和同类相食的影响。但是，格罗夫认识到，行业不断变化的步伐意味着他要么淘汰自己的产品，要么被别人淘汰。他看到了继续推进芯片制造和创造新价值的机会。通过不断前进，英特尔得以维持利润和市场领导地位。这种模式本身与保护现有技术和优势的传统模式有很大的不同。对"更小、更快、更便宜"的追求促进了纳米技术等前沿领域的实验。它还带来了对充分发挥芯片能力的多媒体等应用的探索。

## 换马：战略拐点

英特尔和格罗夫的旅程，如今正处于半导体和微型计算机革命的中心，充满了变化和压力。该行业经历着周期性的变革，要求参与者一路重塑自己。英特尔创始人之一戈登·摩尔提出的"摩尔定律"预测，要做到不懈进步，就需要对研究和生产的各个方面持续进行大规模投资。日益复杂的设备生产对准则和可预测性有了新要求，格罗夫必须在这种要求与在知之甚少的领域中发展的需求之间取得平衡。

20世纪80年代，英特尔做出了一个勇敢的决定，放弃其核心业务——半导体动态存储器（DRAM），转而专注于微型计算机。这一决定以及英特尔随后在微型计算机芯片方面的举措，是格罗夫不断发展的概念之一"战略拐点"的生动例证。他把它比作"一幅新世界的心理地图"，在这幅地图上，领土可能是未知的，但人们认识到思维和行动需要转变。他认为，这些拐点可以在高科技行业以外的企业中找到，甚至在一个人的职业生涯中也可以找到，在这些领域人们看到了改变的必要性。

在他的著作中，格罗夫描述了确定一个人是否达到了真正的拐点的挑战。改变通常是一个渐进的过程，我们对小的改变习以为常，直到它们变得更需重视。问题在于检测我们观察到的变化是有意义的信号还是只是噪声。理想的情况是在企业仍然健康的情况下进行重要的改革。但警告信号常常会被忽视。不同的人看到了同样的画面，也会做出非常不同的解释，格罗夫称之为"战略分歧"，我们称之为"适应性分歧"。

## 以厄运预言家等不同角度看待事物

格罗夫鼓励在企业内部设置厄运预言家的角色。这些厄运预言家可以对即将到来的变化发出预警。他们还可以提出企业应该考虑的新心智模式。格罗夫鼓励从多个管理层面和外部视角，特别是客户的视角，进行广泛和深入的讨论。这些不同的视角有助于挑战当前的心智模式，并在需要更改时进行更改。考虑到环境的不确定性，格罗夫还主张通过实验来解决"战略分歧"——如尝试不同的技术、产品或销售渠道。

## 直觉

考虑到格罗夫在评估数据和相关分析方面的声誉，他如何发挥直觉的作用变得非常有趣。他注意到，数据通常与过去有关，而拐点则与未来有关。尽管客户和厄运预言家的信息和观点可能有所帮助，但通常这都不是识别拐点的直接、合乎逻辑的途径。人们必须超越对数据的理性推断，格罗夫将在拐点上从一种商业模式到另一种商业模式的飞跃比作跨越"死亡之谷"。

## 双行道：通过"Intel Inside"整合营销活动为工程增添市场视角

在技术不断变化的同时，也需要对新芯片连续进行营销。英特尔认识到这一点，制定了"Intel Inside"整合营销活动，以建立品牌。在那之前，芯片制造主要是企业对企业（Business-to-Business，B2B）的活动，芯片是根据性能和价格来出售的。随着竞争的加剧，形成知名的消费者品牌变得越来越重要。品牌战略将芯片从隐藏在机器内部的一块硬件转变为消费者愿意为其支付额外费用的有价值的东西。

该品牌广告具有标志性和情感性，无须提及处理器速度或其他典型工程特性。这是从纯粹的工程世界观点到以市场为中心的观点的转变。

品牌知名度的提高有其不利之处，它对以工程技术为基础的企业的思维构成了挑战。在 20 世纪 90 年代所谓的浮点运算问题中，出现了平衡工程和市场视角的困难。英特尔微型计算机芯片极其复杂，可以执行各种复杂的操作，因此要测试所有可能的数值排列极具挑战性。英特尔发布了一款新产品，但在使用该处理器进行某些复杂的数学计算时出现了错误。这并不奇怪，而且只会影响一小部分用户。这曾被视为一个工程问题，但它变成了一个有缺陷的消费产品引起的重大媒体事件，美国有线电视新闻网记者出现在格罗夫的办公室，要求他做出解释。

由于其历史和古老的心智模式，英特尔最初以处理工程问题的旧方式来处理此问题。它没有认识到，世界已经完全不同了。格罗夫最终掌握了这种情况，并发起了产品召回活动，尽管在大多数情况下这是不必要的。英特尔为此花费了约 5 亿美元，但保住了该公司在市场上的声誉。格罗夫后来详述了这一事件所带来的教训——英特尔需要以不同于传统的方式来看待事物，不能再仅仅从工程的角度来处理业务。消费者的看法变得越来越重要，尽管工程思维的"旧秩序"还在影响着该公司的思维。

格罗夫和英特尔通过不断挑战他们的心智模式和行业模式取得了惊人的成功。

在你自己的事业和生活中，什么是"战略拐点"？在为时已晚之前，你如何识别它们？当你走到这一步的时候，你会有勇气放弃你目前的心智模式去接受一个新的心智模式吗？就像格罗夫从动态随机存储器芯片转向个人计算机芯片那样？你是否有足够的勇气来拆分你现在的业务，以继续塑造未来的业务模式？

## 结论

上述的每一个例子都展示了超常规思维的力量。霍华德·舒尔茨、奥普拉·温弗里和安迪·格罗夫在创业过程中多次被告知，他们试图做的事情是不可能的。然而，他们能够接受不同的世界观。对舒尔茨来说，这是美国浓缩咖啡吧的愿景；对温弗里来说，这是一种专注于观众个人转变的亲密的脱口秀形式；对格罗夫来说，这是公司和行业跨越不连续的"拐点"的持续发展。他们成功的故事强化了本书的一些关键信息。

- 认识到童年、教育和早期工作对心智模式的影响。这些创新者利用他们的童年经历和早期的职业经历，形成了独特的世界观。舒尔茨利用了他在住房项目成长过程中对工人的关心，以及他在销售方面的经验和从公司创始人那里学来的咖啡知识。温弗里在重制脱口秀节目时充分利用了她自己艰难的童年和人生转变的主题。格罗夫从欧洲的混乱局面以及他的工程教育中汲取了灵感，将严格的精确性与对变革的"偏执"追求结合起来。每个人都能从他们早期的经历中获得独特的视角，有些人可能认为这是一种责任，也是一个挑战他们公司、行业和世界当前观点的平台。他们的力量来源之一在于挖掘他们个人生活的观点，并将其应用于自己的商业计划并在更广泛的社会中做出改变。

从你的生活和职业经历中，你获得了什么独特的视角来应对当前工作、生活和社会中的挑战？如何利用你的经历中你可能认为是失败或困难的部分来重新看待这些挑战？

- 保持心智模式与时俱进。尽管这些创新者以自己早期的经验为起点来挑战周围人的现有模式，但他们并没有固执己见。这三家公司都致力于寻求新的视角，并继续挑战现状。这让他们的企业继续成长，并帮助他们避免昙花一现和思想僵化。他们不断尝试新的想法。星巴克尝试全球扩张，开辟超市等新渠道，在店内推出新产品。温弗里将广播事业的成功延伸到书籍、杂志和互联网。格罗夫通过不断的产品创新保持了英特尔的技术优势，即使在开拓海外营销市场时也是如此。他们的模式不是固定不变的。它们生机勃勃，在原来的模式可能已经进入成熟期或衰退期很久之后，即便没有对更新保持关注，它们也仍然能够保持增长和成功。你如何挑战你目前的心智模式？你在做什么实验来保持心智模式的新鲜感和让其与时俱进？

- 通过改变周围的世界来促使事情发生。许多人对这个世界持有激进的想法和观点，但这些想法和观点毫无价值。这三个人对我们的世界产生了重大的影响，因为他们不仅挑战了现有的模式，而且能够带动许多人一起踏上这一旅程。他们关注支持新秩序所需的基础——从星巴克高薪的、受过培训的咖啡师和咖啡供应商网络，到温弗里严格控制的公司运营，再到格罗夫在工程、制造和营销方面的举措。

十年前从未听说过意式浓缩咖啡的人，却发现自己现在在点一杯"超大杯焦糖玛奇朵"时会不假思索。从未读过严肃小说的电视节目的观众被奥普拉·温弗里引入了这个新领域。对硬盘驱动器和处理速度一无所知的计算机购买者正在寻找"Intel Inside"标志，或正在思考如何加快多媒体应用程序的速度。这三位领导者不仅提出了看待事物的新方法，而且还改变了我们看待世界的方式和我们的行为方式。他们以一种对社会产生广泛影响的方式重新构建了对话。为了做到这一点，他们解决了非常棘手的运营和人为问题，克服了障碍，使怀疑者信服。他们建立企业来支持他们对世界的看法，并建立了不断增强的基础设施。他们参与了改变周围人想法的艰难过程，首先是在他们自己的企业中，然后是在更广阔的世界中。所有这一切都是爱迪生所说的成为天才的、支持一闪而过的灵感所必需的99%的汗水。这些汗水和对操作细节的关注将激进思想与变革思想区分开来。你怎样才能让别人看到并追随你的新思维方式呢？需要什么样的教育和配套的基础设施才能让你从思考不可能之事变成挑战不可能之事？在这个过程中，你如何保持谦逊来改变自己的思维？

- 快速、有效地行动。这三个人不怕采取行动。当他们继续学习、挑战和改变他们的模式时，他们经常违背顾问的建议，凭自己的直觉行事。舒尔茨不顾星巴克创始人的反对，凭借自己对意式咖啡吧的直觉，继续前行。温弗里拒绝改变自己的形象，不愿让自己的形象融入主流，她坚信自己独特的世界观具有强大的力量。格罗夫勇敢地放弃了动态随机存储器业务，放弃了英特尔过去的成功之源，大胆地将赌注压在了拐点另一端的微型计算机芯片业务上。

在做决定时，你会利用你的直觉吗？如何确保直觉在当前环境中仍然有效？

这三个例子说明了挑战当前模式的力量。讲这类故事就像是事后诸葛亮，很容易，但是要真正做到具有先见之明就难多了。进行超常规思考并付诸实践需要极大的勇气和毅力。正如这些故事所表明的，新的心智模式可以为那些拥护它们的个人、公司和世界带来巨大的变革力量。

## 超常规思维

- 让自己处于这三个人职业生涯的早期，进行换位思考。
- 你有勇气和信念去做他们所做的事情吗？
- 如果在你世界里，商业很成熟，产品很大众化，你有能力打破这种模式，像舒尔茨在喝咖啡时所做的那样，彻底改造它们吗？

- 你能不能从你的个人经历中获得灵感，从而改变你的工作方式，就像奥普拉·温弗里将自己的个性融入脱口秀节目中一样？
- 如果你想重新设计你的产品和服务，你是否有勇气和偏执得像格罗夫那样拆掉并摧毁你现有的业务，即使你已经控制了市场？

### 尾注

1. Schultz, Howard. *Pour Your Heart into It*, New York: Hyperion, 1997, p. 44.

2. Lacayo, Richard. "Oprah Turns the Page," *Time*, 15 April 2002, p. 63.

3. Sellers, Patricia. "The Business of Being Oprah," *Fortune*, 1 April 2002.

4. Jackson, Tim. *Inside Intel: The Story of Andrew Grove and the Rise of the World's Most Powerful Chip Company*, Dutton, 1997; Grove, Andrew S. *High Output Management*, Vintage Books, 1985.

5. Grove, Andrew S. *Only the Paranoid Survive: How to Exploit the Crisis Points That Challenge Every Company*, New York: Doubleday, 1999.

# 第 12 章

# 挑战自己的思维方式：个人、商业和社会

\* \* \* \* \*

> 所谓发现就是见别人所曾见，想别人未曾想。
>
> ——艾伯特·圣捷尔吉
> （Albert von Szent-Gyorgyi）

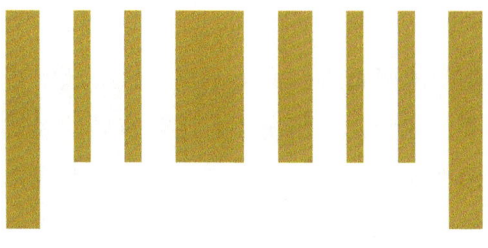

**是敌是友？**

在战争的迷雾中，你看到一个人举着武器站在你面前。在喧嚣和混乱的战场中，即便只是确认这名士兵是谁也是一件壮举。你只有一瞬间来做决定。你理解形势的能力可能意味着你或你的同志的生死存亡。你做了选择，你开了枪。

在这种情况下，"友军之火"造成的战争死亡人数之多，说明了理解情况的难度之大。拥有错误的心智模式可能和拥有自动化武器的敌人一样危险。

每一天，你都面临着这些决策，你需要在信息不足的情况下迅速判断周围的世界。虽然判断的结果很少像战场上的结果那样直接和致命，但是你采用的模式会对你的世界产生巨大的影响。它们通常会显著地影响你处理有关个人生活（饮食和锻炼或工作／生活平衡）、商业（对电子商务的投资）和社会（解决贫困）的决策。你的心智模式如何影响你对世界的理解和行动？在本章中，我们将探讨心智模式在个人生活、商业和社会的应用，并邀请你挑战自己的心智模式。

超常规思维不是学术好奇心。变得更擅长进行超常规思考的目标是能够更好地理解这个世界，在特定的情况下应用最有效的模式并采取行动。心智模式可能看起来是短暂和抽象的，但我们心智模式的成本和影响是非常真实的。我们看到的大部分东西来自我们的内心，这一事实并不意味着我们应该把它们当作幻觉。

我们的模式塑造了我们的世界和行动。这些模式影响我们的健康、人际关系、业务绩效以及社会生活质量。企业领导者使用的模式可能会导致他们的员工阿谀奉承或噤口不言，并可能导致他们的公司进入繁荣时期或走向破产。心智模式可以使社会中的一群人处于落后、贫困和无知中，也可以推动他们迅速前进。我们已经看到，第二次世界大战后，一些政治领导人所采取的模式的转变，是如何阻碍或提高了他们国家全体人民的生活质量的。我们还看到，长期模式的突然转变，如何改变了个体公民的生活和全球政治关系。我们的模式在许多方面塑造了我们的世界。

在接下来的三个例子中，我们探索了思考和挑战我们的心智模式的方法，这些心智模式涉及健康（个人）、电子商务（商业）以及在保护隐私（社会）的同时应对不安全形势。本书中的见解会帮助你解决这些问题，然后，我们提出了一个通过你自己的模式进行思考的过程，并为你提供了一系列可供实践的示例。

## 健康思维：在个人生活中的意义

我们应用于健康和保健的心智模式可能会导致截然不同的行为和结果。有人使用东方的治疗模式（如针灸），也有人使用西方的治疗模式（如药物和手术）。有人求助于脊椎指压治疗师，也有人关注营养和锻炼。有人注重预防，也有人注重治疗，两者之间存在一条分界线。

各种关于饮食和健康的策略信息是不断流动的，其中有些是相互矛盾的。

骨科医学最初也提出了有别于传统医学的独特方法。骨科医学的哲学是由 19 世纪的内科医生安德鲁·泰勒·斯蒂尔（Andrew Taylor Still）提出来的，他提出了一种与传统医疗方法形成鲜明对比的整体健康观。整体健康观基于 4 个原则：（1）身体、心灵和精神是一个整体；（2）身体具有自我调节能力；（3）自我修复和保健功能；（4）结构和功能是相互关联的，而治疗是基于对这些原则的理解。虽然美国骨科医生仍然接受这种哲学的训练，但他们也学习医学和外科手术各个方面的知识。随着整骨医师逐渐偏离这些核心原则，这种做法也变得不那么独特了。他们的角色已被更狭义地定义为通过修整骨骼来治疗疾病，他们使用系统性方法治疗疾病的宝贵心智模式已经慢慢消失了。

我们的心智模式对我们的健康也有直接的影响。如果我们相信某些事情可以使我们变得更好，那么这些事情在某种程度上可能的确会让我们变得更好。众所周知的"安慰剂效应"表明，一些测试对象在服用了他们认为是药物的糖丸后，展现出好转迹象。糖丸本身没有作用，但是他们相信它能起作用，这可能会使他们好转。积极思维的作用明显是有限的，但在某些情况下，最好的治疗方法可能是你最相信的治疗方法。

如何整理出与健康相关的各种心智模式，并应用其中一种最有效的模式呢？可能的方法如下。

- 寻找新模式。首先你需要熟悉各种不同的方法。还有其他治疗疾病和改善健康的方法吗？通过广泛阅读或与朋友和其他从业者讨论，寻找新的信息来源。这些不同方法的优缺点是什么？你甚至需要看看一些你认为很荒谬的选择——它们可能有一些隐藏的价值，或者它们可能可以与其他方法相结合。

- 创建一个方法库。专注于预防医学并不意味着排除使用医疗干预措施。一些替代疗法的拥护者可能会认为预防疗法是一条与传统疗法截然不同的单行道。但许多人会把这两种方法结合起来。当风险与药物治疗的潜在副作用相比不是太高时，他们会选择使用整体疗法。例如，你可能要依靠鸡汤、其他食物、茶和维生素来治疗轻微的疾病，而不是使用抗生素。只要疾病不严重，这可能是一种更有效的方法。但是，如果你染上莱姆病，不迅速用抗生素治疗，可能会造成严重后果，所以此时请使用药物疗法。许多人不会拘泥于使用某种方法，而会根据具体情况选择最佳方法。通常，这种选择不是明确的或有意识的，而是依靠直觉的，因为大脑使用了一套连贯的有效模式来处理不同的问题，即使这些模式分析起来似乎在逻辑上是自相矛盾的。你如何建立一个有关健康和养生的方法库？

- 知道何时该从一种方法转换为另一种方法。重要的是找到可以同时使用这两种方法的医生或其他保健医生，或找到可以提供治疗咨询的多元化专业人员。如果你完全依赖全科医生，你可能会忽视那些应该用传统药物治疗的严重症状。另外，如果你完全依赖一个训练有素的传统医学医生，那么在存在同等有效或更有效替代方法的情况下，你可能会接受过量的医疗治疗。

- 对复杂的事物进行筛选。医学信息在不断变化。今天的研究明天就可能会被推翻。替代疗法通常是流行的和庸医式的疗法，这些疗法往往有强有力的理由支持，但缺乏严谨的研究支持。你如何从这些不断流动的复杂信息中筛选出有用的信息呢？

正如第 6 章所讨论的，你可以放大和缩小视角，对新医学方法的研究进行详细审查，然后查看更大的图景。例如，你可能正专注于改善你的饮食，同时仍然每天吸一包烟，过着久坐不动的生活。事实可能会证明，戒烟和增加锻炼对你的生活质量和健康有很大的影响。退后一步，看看更广阔的图景，这对于避免掉入认知固定的陷阱或防止被数据淹没至关重要。这种放大和缩小视角的过程可以使你避免因过于宽泛的背景而麻痹，也可以避免过快地进入新潮流。此过程的一部分是开发可满足你需求的兴趣，这样你就不必检查所有内容。任何排斥其他建议、希望你专心致志、保证带来极大好处的"建议"将导致你看不清背景和失去平衡。你需要批判性地观察，以便在不断变化的数据流中筛选出有意义的东西。

- 了解你自己的模式。评估你用来过滤健康建议和信息的心智模式。过去的什么影响导致你以这种方式看待这些信息？你对这个话题有多感兴趣？你对这个话题的整体态度如何？你是否：（1）害怕知道（把头埋在沙子里）；（2）有一点兴趣，但感觉这不是生活中的优先事项；（3）感兴趣，但被其他问题分散了注意力；（4）非常感兴趣并愿意花时间；（5）意识到这是你愿意花大量时间和精力解决的主要问题？每一种态度和相关的心智模式都需要自我评估。例如，对最后一个问题的确认，很可能是基于健康危机或体检反映的风险而形成的。或者，你可能是一个十几岁的少年，觉得生命永无止境，生活中有更紧迫的问题，所以你的心智模式更接近于"有一点兴趣"。这种态度会影响你处理健康和幸福问题的方式。

- 对自己进行实验。某个人保持健康的方法可能对另一个人不起作用。你可以阅读所有你想看的医学研究，但你也必须找出最适合自己的方法。

改变你的饮食并观察结果。尝试不同种类的运动。适合某个人的健身中心或锻炼视频可能不适合你。也许早晨散步或者周末滑早冰更符合你的生活方式和兴趣，这些会更有效。也许一种饮食对你的朋友有用，但对你却是一场灾难，要么因为它需要难以坚持的行动，要么因为你对它的反应不同。许多人在新的锻炼计划或节食失败后备受打击。相反，如果他们将其视为实验，则可以记录结果并继续尝试其他方法。坚持锻炼对取得进步很重要，要坚持尝试，直到你找到有效的方法。

- 识别巩固旧模式的结构。正如我们在第8章中讨论过的那样，我们的心智模式被基于它们所构建的结构强化。工作时的吸烟休息时间强化了这种习惯。为了改变我们的行为，我们不仅要处理我们的心智模式，还要处理维持它们的结构。这可能是整个过程中最困难的部分。为应对这个挑战，许多节食计划采取了多种办法，例如，建立社交系统和请导师来强化新行为，建立热量计数系统以呈现节食效果或建立一套完善的饮食体系来提供更健康、更多样的饮食选择。改变影响你的健康和幸福的习惯需要改变支持这些习惯的结构。你需要认识到，改变行为是很难的，突破将你锁定在旧秩序中的基础框架也很难。

你对体重控制、饮食、锻炼、癌症预防、吸烟、饮酒、压力和时间管理的看法，以及你对医疗建议的态度，都会影响你的生活质量。你目前在这些领域有什么模式？和周围的人有什么不同？试着找一个有着不同观点的朋友，或者一个写过这方面的文章的作者。如果你接受了这个观点，你的生活质量会发生怎样的变化？你能做一个思想实验，试着通过这个人的角度看世界吗？你的生活会变得更好还是更糟？这种心智模式对你更有用吗？有什么风险？

如果你已经表达了想要改变与健康相关的行为的愿望，那么你要考虑到，阻碍你的可能不仅仅是"软弱的意志"，而是你当前模式的力量。你相信你所看到的世界，事实上，世界的大部分都在你的脑海中。如果你能改变你的想法，你就能进行超常规思考，改变你实现健康目标的方式。

再来看其他的个人挑战以及其背后的模式。

**平衡工作和个人生活。**放弃了从一家公司一直工作到退休的传统职业模式后，我们对工作会有更加复杂的看法，同时面临工作与个人生活之间的平衡问题。为了平衡职业成就和个人成就，员工们正在寻找创造性的方法，如工作共享、远程办公和灵活的工作安排。什么样的工作和个人生活模式塑造了你的思维？对你有用吗？你还可以采用哪些其他模式？它们将如何改变你的职业和生活质量？

**个人经济学。**经济衰退和企业管理不善削弱了人们对传统企业养老金以及持续收益的信心。随着人们寿命的延长，认真规划退休生活变得越来越重要。为未来做财务计划有很多复杂的选择，这些选择取决于我们的心智模式。冲突在于即时消费和为日益不确定的未来寻找有效储蓄和投资方式。影响你对退休的看法的心智模式是什么？考虑到环境的变化，它们仍然有效吗？

**婚姻和关系。**在真人秀节目中，即将成为新郎或新娘的人蒙着眼向未曾见面的伴侣求婚，我们的婚姻和关系的模式已经发展到了极限。

一些人根本不认为有必要建立正式的婚姻制度，另一些人则主张建立一种有序的关系模式。即便如此，"传统家庭"经久不衰的心智模式仍然会产生影响，尽管它们从未反映出恋爱关系的真实情况，而且日渐式微。人们对离婚的态度，尤其是离婚对孩子的影响，也随着时间发生了变化。你目前的恋爱关系模式是什么？它是如何形成的？你的伴侣在你们的关系中持有哪些模式？你现在的观点仍然有效吗？你可能会采用哪些替代模式？

**临时工作团体。**雇员将工作视为发展市场技能的机会，而非在同一家企业内职业道路的某一步。通过外包，企业更像是个人网络。对企业的忠诚度曾经是一个关键的问题，但是现在出现了更多的临时工作团体，忠诚度更多是指对某个特定任务的忠诚。这改变了定义企业的模式。你现在有什么样的工作关系？这些关系基于什么样的心智模式？你还可以采取哪些其他模式？它们会如何改变你在这个世界上的行为方式？

## 网络公司：在商业中的意义

互联网就像《绿野仙踪》（*The Wizard of Oz*）中的龙卷风一样，席卷了我们的世界，将我们吹了起来，把我们从旧世界带到了一个奇异的新世界，这里有奇妙的可能性和意想不到的危险。然后，经过一段漫长而艰难的旅程，我们沿着这条黄砖铺成的路，"咔嚓"一声合拢脚跟，回到了出发的地方。

当然，就像多萝西（Dorothy）一样，我们并没有完全回到我们出发的地方，因为我们的心智模式已经被动摇了。我们也许会再次回到堪萨斯州，但我们再也不会用以前的方式看待它。而且，与多萝西不同的是，事实上，这项新技术已从根本上改变了我们的世界。电子商务的概念已从势不可挡的时尚走向了彻底的失败，然后重回中心。我们利用这项技术的能力取决于我们的商业模式，而商业模式又取决于我们的心智模式。关于心智模式，我们能从网络泡沫及其后果中学到什么？以下是一些教训。

- 了解你的模式。在泡沫时期，人们把大量的注意力放在潜在商机的引人注目的故事上，很少关注经典的"商业模式"及其潜在的心智模式。有人提出接受一种没有被清楚地呈现或理解的新心智模式。随着事态的发展，发起人、观察者、投资者和客户都相信，他们参与了真正的"革命事件"。人们普遍认为，他们已经进入了一个平行的世界，在这里，事物在"网络时间"中发生。管理者们相信，他们用来理解世界的旧心智模式在这里已经行不通了。那些表示怀疑的人"没有理解"，他们被许多人视为思想倒退或脱离现实。以前的经验被认为是一种累赘。这个群体的人数的增长速度是独特的，群体规模是惊人的。每个月都有数百万用户以前所未有的速度加入这个群体。

各参与其中的企业的财务和投资加强了这种经验的独特性。简而言之，估值和相关投资超出了所有人的经验范围。以前没有人见过这样的事情，所以人们不得不匆忙地为他们的投资和对商业的理解创建新模式。旧模式似乎无法解释发生了什么，而新模式则令人兴奋，以致很少有人仔细研究它们的潜在弱点。缺乏对新旧模式的优缺点进行的细致、严格的检查。

什么样的心智模式塑造了你对互联网以及互联网对企业价值的看法？你可以使用哪些替代模型来评估其潜力并应用到你的业务中？

- 知道何时换马。正如我们在辛普森身上看到的那样，我们需要保持警惕，不被时尚冲昏头脑。所有的媒体都对互联网大肆宣传，所有的投资资金都流入互联网，人们变得难以理性思考。它历史短暂，因此任何故事都变得可信。人们放弃了旧的心智模式，却没有找到一个清晰的新模式来替代。有些人的确试图通过回顾历史，将网络公司的迅速崛起与17世纪的事件进行比较，如英格兰的"南海泡沫"和荷兰的"郁金香泡沫"，从而以不那么乐观的眼光看待这些事件。许多公司也陷入了"中年危机"，将变革推迟了很长一段时间，然后做出了戏剧性、破坏性的飞跃。另外，一些投资者知道什么时候买进，什么时候卖出。他们在"泡沫"出现之前进入，在"泡沫"破裂之前退出，收获颇丰。有些人只是运气好，但另外一些人显然有一种模式，他们认识到这种上涨是"非理性繁荣"，然后利用这种理解来获利。

坚持你目前的心智模式，或者改变它们去拥抱新技术和其他新机会，其潜在的风险和回报是什么？

- 认识到范式转变是双向的。那些把互联网的崛起视为一场革命的公司，就像那些没有救生艇的人驶离泰坦尼克号一样。那些能够通过多种模式来观察世界并在各模式之间游走的人通常有最大的生存机会。威普旺（Webvan）公司尝试在线销售杂货时破产了，而拥有成熟的零售商店网络的英国零售商特易购（Tesco）发现，现有的商店可为本地配送提供便利，从而开拓了一项有利可图的在线业务。特易购意识到不必为了拥抱互联网的新模式而放弃现有模式。

即使是像亚马逊这样的严格意义上的在线零售商，也对旧模式有着清晰的认知，并利用这种认知来转变经营和财务状况，而其他在线业务却在它周围轰然倒塌。它与玩具和图书领域的实体零售商建立了合作关系，并将重心从不惜一切代价扩大市场份额，转向创造回报。

互联网革命人士声称，一切都需要改变，包括人事政策、财务奖励和衡量标准、着装规范、软件开发方法、客户渠道等。在互联网泡沫破裂后，老牌公司的钟摆完全转向了另一个方向，因此，在线业务被抛弃了，虽然人们曾经热情地拥抱它们。随着这些公司对旧模式进行报复，它们可能会成为反革命分子，从而忽视新技术的持续价值和力量。

旧的心智模式在新电子商务世界的价值是什么？新模式与旧模式如何整合？保留这些不同模式作为选项的成本是什么？

- 发现看待事物的新方式。在互联网发展的早期，很少有公司拥有识别其潜力的经验。在网页浏览器出现之前，互联网被忽视和边缘化了很长一段时间，即使在那个时候，也只有少数业内人士认识到互联网的潜力。如果公司当初邀请这些狂热的互联网先锋——那些打了耳洞、染了头发的孩子们加入他们的组织，他们就会率先获取这种亚文化的技术经验和心智模式，而这些经验和心智模式本来有助于他们后来的决策。多年来，互联网一直是学者和程序员的专属领域。为什么没有更多的公司早点进场呢？

在网络世界中有哪些新兴的机会（如博客和维基百科）？你如何利用这些机会来重新思考你的商业模式和潜在的心智模式？

- 从复杂的信息流中筛选出有意义的东西。以后见之明来看待互联网泡沫，许多人忘记了20世纪90年代的新兴技术是多么复杂和令人困惑。在互联网随着网页浏览器的发展而腾飞的前几年，其转型的模式是"交互式电视"。公司在这项技术上投资了数亿美元。但是，公司如何才能识别该技术的发展方向并理解其影响呢？一些管理者保持着缩小视角的状态，只是看着大局。另一些人将注意力集中在诸如交互式电视之类的特定技术上，导致他们忽视了其他技术的潜力。放大视角以了解和获得有关该技术的实践经验（令人惊讶的是，在互联网诞生之初有很多首席执行官甚至从未上过网），然后缩小视角以查看更广阔的背景，这种策略才有助于理解令人困惑的图景。

当今技术发展和应用的新领域有哪些？你如何发现这些领域，并认识到这些领域改变心智模式和商业模式的潜力？

- 参与实验。随着互联网公司的兴起，人们进行了许多实验，在某一个阶段，互联网的爆发似乎是一个巨大的个人和商业实验。不幸的是，许多这样的"实验"并不是以学习最大化的方式设计的，而且在进行较大的投资之前，没有进行足够的小规模实验来检验一些有趣的假设。它们大多是大型的、平行的、经常相互竞争的"打赌"，拥有源源不断的风险投资和企业资本融资。这些实验的失败是巨大的，它们吞噬了大量的股东资金。一些公司确实做了更仔细的实验。在消费品方面，宝洁公司的沐浴和美容产品网站提供了一种途径，使其在进一步投资或干涉现有零售合作伙伴之前了解电子商务的潜力。

但是，大多数互联网实验的成本都非常高，并且很难确定其在深度学习方面的收益。

你如何从自己所在公司和其他公司使用互联网进行自然实验的事后分析中学习？你能设计什么新实验？

- 弥合适应性分歧。互联网的一个问题是内外部的分歧。弥合这两个世界之间的分歧非常重要。一些公司意识到他们现有的文化会扼杀这些新项目，因此明智地将它们设置为独立的业务部门，通常设在硅谷。但它们通常不会在这两个世界之间架起一座桥梁，让初创部门从老公司的经验中受益，反之亦然。这两个世界之间的鸿沟限制了不同模式的效用，并使识别问题变得更加困难。一些互联网公司的态度表现为一种明显的适应性分歧，它们宣称无信仰者"不开窍"，根本不可能共存。没有人试图弥合这一分歧，这被证明是相互学习和混合组织发展的主要障碍。

如何在组织中弥合适应性分歧？例如，你如何才能将技术主管和业务主管召集在一起，以了解新技术的业务含义？

- 考虑基础。尽管支撑旧秩序的框架通常是在很长一段时间内建立起来的，但就互联网公司而言，我们社会的结构以一种几乎无法抗拒的方式支撑着新模式的发展。事实证明，投资于全球电信基础设施的资金远远超出了其实际需求。这项投资成了人们必须相信新模式的基础，毕竟面对数千亿美元的超额投资，如果不相信就做出这种惊人的投资，是一种令人费解的非理性行为。风险投资公司的发展、纳斯达克指数的上升和个人投资的增加创造了一个支持基础，从而将对这些互联网初创公司的投资推向了惊人的水平。

对大多数互联网公司而言，股价的上涨非常惊人，以至于许多普通人改变了长期以来的投资习惯，变成了短线操盘手，或者干脆变成非理性投资者，因为他们不想错过这些前所未有的涨幅。个人计算机在办公室和家庭中迅速普及，加上计算机和通信成本的下降，也共同支持了这些新业务及其相关的心智模式。与此同时，"旧世界"基础的实力也被削弱了，因为传统"耐用品"企业的市值大幅缩水，尽管它们的业绩依然强劲。

你目前的业务中有哪些投资、结构和流程让你难以接受新技术和新心智模式？基础架构的哪些方面可以被重新设计以支持你希望采用的新模式？

- 相信你的直觉，但要获得改变它的经验。在互联网革命期间，很少有人有勇气与潮流抗衡并相信自己的直觉以对抗不可否认的互联网收益。但革命者指出，把过去的直觉用在新环境中往往是危险的，这是正确的。你们像以前的将军一样，正在打最后一仗。直觉与洞察力的不同之处在于它是基于经验的。接下来的挑战是在新技术和新模式中获得足够的经验，这样你就能从深刻的经验中获得直觉。很少有高管会寻求这样的经验。许多人将获取深入技术经验的任务交给了 IT 部门——将技术细节交给 IT 部门处理是对的——但这些领导往往没有意识到利用实践经验来改进个人直觉的重要性。这一点尤为重要，因为数百万的客户现在都在使用这项技术。这不仅是公开的技术决策，而且还是对组织有重大影响的战略决策。

由于缺乏经验，企业领导人要么认为他们不能相信自己当前的直觉，要么接受一种新的"直觉"，来判断这种并非基于经验的技术的潜力。在某种程度上，这也解释了为什么试图成为思想领袖的互联网"专家"会崛起。有些人甚至在短暂的高光时刻获得了明星般的地位。

你的直觉告诉你应该如何使用互联网和其他技术？你能相信你现在

的直觉吗？如何通过新经验来完善你的直觉？

再来看看其他业务挑战及其背后的模式。

**战略规划**。企业如何在一个快速变化、复杂和不确定的世界中进行规划？在 20 世纪 80 年代早期，许多大公司都清楚地认识到，集中规划缺乏足够的速度、灵活性和创造性来应对当前环境的挑战。等到精心研究的写在大型精装笔记本中的五年或十年计划发布时，它们已经过时了。这些规划过程基于这样一种假设，即未来是可预测的，因此可以据此制订可行的长期计划，但世界已变得越来越不可预测。1983 年，通用电气（General Electric）首席执行官杰克·韦尔奇（Jack Welch）取消了该公司备受推崇的集中式规划。在随后的几十年中，出现了一系列规划方法。一些公司和顾问继续开发新的、更具前瞻性的方法来制定宏伟战略。在互联网时代，战略规划有时只不过是一种乐观的商业计划或故事情节。在战略制定方面出现了一系列革命，其中一些后来被视为一时潮流。一些公司采用了更广泛和更灵活的方法，如情景规划和选项思考，以明确地解决环境的不确定性。

其他公司放弃了战略，更多地专注于实现运营效率和短期目标。一些企业领导人干脆放弃了战略规划，认为环境的不确定性太大，无能为力。

目前影响你战略规划的心智模式是什么？其他模式是什么？以下哪种模式最适合你的企业？

**增长还是不增长？** 许多公司都围绕着传统的持续增长模式制定战略，但当增长无法实现或达到自然极限时，这种模式会失灵吗？投资者对增长本身的投入，使企业很难放弃这种增长模式，即使机会变得更加有限。关于此模式的问题越来越多。

除了增加收入之外，还有其他方法可以创造价值吗？对增长的关注如何限制你的机会和行动？公司还使用了哪些其他模式来建立和维持成功的业务关系？你能把它们应用到你的工作中吗？

**合并和收购**。合并和收购通常在纸面上看起来不错，但它们的高失败率表明，它们难以在实践中取得成功。有些因素让投资银行家和管理层过分乐观地看待协同效应，这也是失败率高的原因之一。文化差异和执行问题常常导致结果出现差异。在此之前，这些投资组合通常是用财务模型进行评估的，但其回报往往取决于一些软性问题，如文化和领导层的整合，而这些问题很难在资产负债表上进行评估。

与即将进行的合并收购相关的哪些潜在问题被你的心智模式忽视了？除了合并收购，还有什么其他的模式可以帮助你实现目标？你如何使用它们？

**初创公司。**加入新初创公司后，经验丰富的公司经理发现，他们需要采用非常不同的心智模式来应对那些历史短暂、没有建立品牌或声誉、资源稀缺的商业组织。这些"职业经理人"的到来往往是一道分界线，横在创意和自由流动的初创阶段与更专注于大型老牌公司的运营之间。在公司的这两种观点之间做出转变是关键的转折点之一，也是许多初创公司旗开得胜却无法屹立不倒的关键点。

如果你在一家成功的初创公司工作，什么心智模式影响了你最初的成长？现在你已经变得更强大、更成功了，那么这些心智模式需要如何改变呢？公司发展的每个阶段都需要什么模式？如果你在一家成熟的公司，将初创公司的思维方式引入业务的各个部分，你的思维如何从中受益？

**改善糟糕的公司绩效。**改善不良绩效的典型心智模式是削减成本、更换高级管理层、注销不良资产和解雇员工。然而，如果人是一种资产，这些措施从长远来看可能具有破坏性，而削减成本也会让你走不远。大刀阔斧的裁员会导致你失去最优秀的员工，只留下"环保人士"。除了通常采用的一长串削减成本的措施来提高公司业绩，还有其他的替代方法吗？对损益表、资产负债表和现金流量表的三大控制限制了所有传统心智模式的效用。除了通常的成本措施外，还必须探索其他方法。

危机可以被看作一个改变心智模式的机会，而不是负面因素。

你对如何定义和改善公司绩效有什么看法？除了降低成本之外，还有哪些其他的模式可以改善绩效？如何将这些模式应用到你的业务中？

**公司治理。**公司治理有各种不同的模式。一些首席执行官认为，公司董事会是一个无法躲避的、需要加以管理和控制的恶魔，或是一个会被各种演讲弄得眼花缭乱然后被打发走的社交俱乐部。其他人则认为，董事会是一个资源和合作伙伴，可以在战略和其他事务上提供有价值的见解。在安然（Enron）公司的丑闻和其他丑闻发生之后，人们视董事会为投资者利益的传统监督者，期望它将严格监督管理层，并在发现问题和解决问题方面发挥积极作用。

哪些模式正在塑造你对公司治理的看法？你还可以应用哪些模式？

## 密切关注心智模式

你在生活中遇到的每一个问题都可以为探索心智模式的影响和开发或采用新模式提供机会。当你在阅读晨报上的故事时，当你在个人生活中面临挑战时，当你在工作中做决定时，问问自己：什么样的心智模式塑造了我看待这个决定的方式？在这种情况下，这些模式如何限制或扩大我的机会？其他人持有什么模式？还有什么其他模式呢？我怎样才能避免被复杂性压垮？我要如何设计实验？关于这个问题，我的直觉是什么？

本章中提出的问题在三个方面提供了一些参考：个人、商业和社会。选择一些你关注的问题，考虑你自己的模式如何影响你的看法，以及思考这些问题的潜在替代方法。接着寻找其他对你很重要的问题。心智模式影响生活的方方面面，所以这些例子无处不在。

通过这种方式，你可以提高你对心智模式的认识，并在超常规思考中实践。当你面对新的信息或新情况时，这种持续的练习将帮助你提高超常规思考的能力和采取快速、有效的行动。以下问题可以帮助你训练超常规思维。

- 从三个方面（个人、商业和社会）中各选一个例子。你现在用什么模式来评估情况？还可以使用哪些其他模式？模式的选择如何影响你在这个问题上的立场和决定？
- 当你阅读新闻报道时，培养这样一种询问习惯：所报告的决策和行动的基础是什么心智模式？对于相同的情况，有哪些不同的模式？它们如何改变可选项？

- 当你在一天中遇到各种情况时,找到并明确阐明有用的心智模式。如何才能更好地识别深层的心智模式?

### 尾注

1. Whitaker,Robert. *Mad in America:Bad Science,Bad Medicine and the Enduring Mistreatment of the Mentally Ill.* Cambridge:Perseus Publishing,2002.

2. Tyler,Patrick E. "A New Power in the Streets," *The New York Times*,February 17,2003.

## 结　论

# 所想即所为

\* \* \* \* \*

为了改变我们，未来在改变发生之前早已走进我们之中。

——雷纳·玛丽亚·里尔克
（Rainer Maria Rilke）

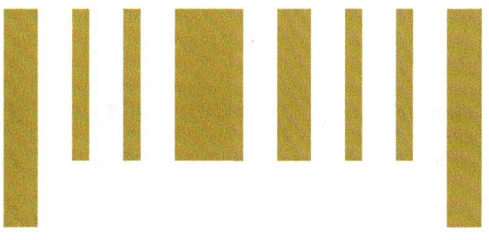

当你面临一个新的决定或新的挑战时,退一步考虑一下你是否有合适的模式。

- 认识到心智模式如何限制或扩展你的行动范围。你目前的模式是什么?你因此而看不见世界的哪个部分?你错过了什么机会?通过新模式,你可以看到世界哪些部分或哪些新的潜在路径?

- 知道何时换马。你的模式适合当前的环境吗?提出的新模式真的更有效吗?采取该模式有什么风险?你可以使用渐进实验来降低这些风险吗?你怎样才能避免既没有完全认识一个重要的新模式,又过早、过于热情地投入其中的双重风险呢?

- 认识到范式转换是双向的。当新模式出现时,旧模式并不总会像旧秩序下的雕像一样被推翻。哪些旧模式可能适用于应对当前的挑战?如果其他人都开汽车,你还会骑马吗?新模式对旧模式的使用方式有什么影响?你如何构建并使用这个多样化的模式库?在什么情况下特定的模式是有价值的?

- 发现看待事物的新方式。你在哪里可以发现新模式?你周围的人是谁?你可以进入哪些情景来扩展你的模式库?你和比你年长或年轻的人交谈过吗?他们的职业都各不相同吗?你是否与那些可能正在创建新秩序的激进分子有过对话?

- 放大和缩小视角以从复杂的信息流中筛选出有意义的东西。你是否被数据和信息压得喘不过气来?如果是这样,练习缩小视角,这样你就不会只见树木,不见森林。你离问题太远了吗?如果是这样,请放大视角查看详细信息,然后再返回全局视角。你如何培养在生活中放大和缩小视角的习惯?

- 参与实验。你对新心智模式提出了哪些假设？你如何设计实验来验证它们？在你的个人生活和职业生涯中有哪些实验的机会？埃莉诺·罗斯福（Eleanor Roosevelt）曾建议："每天做一件让你感到恐惧的事情。"你今天能采取哪些小行动，在不冒太大风险的情况下与过去决裂？

为了在这个世界引入你的新观点，要注意那些把你困在旧模式里的因素，或者能让你说服其他人进入你的世界的因素。

- 废除旧秩序。你围绕旧模式建立了什么基础？你需要如何更改这些基础以支持新模式？你想要改变的意愿是像新年决心一样转瞬即逝，还是有办法坚持到底？是什么力量让你困在旧的模式中（吸烟者对尼古丁的沉迷，或吸烟小憩已经融入了你的生活）？什么力量（如尼古丁贴片）可以帮助你采用新的模式？为了支持新模式，你的组织的哪些结构需要重新调整？
- 寻找共同点以弥合分歧。你身边有哪些人不认同你的模式？为什么他们没有改变？他们当前的模式对他们有什么价值？他们使用的是什么模式？是否有跨界者可以帮助你弥合这些适应性分歧或推动变化的杠杆？你在哪里可以找到旧模式和新模式之间的共同点？

开发和培养更广泛的能力来使用你的模式并快速、有效地采取行动。

- 发展和完善你的直觉。你使用直觉吗？如果不使用，有什么方法可以让你的直觉"肌肉"得到更多的练习？在做小决定时，练习使用直觉而不是分析，并记录结果。在什么时候直觉最有用？你怎样才能让自己处于运用直觉的心境呢？你的直觉仍然有效吗？你需要如何完善直觉？
- 改变你的行动。改变思维方式的目标是改变行为方式。你如何将你的新见解带入这个世界，并将你思维的转变作为你生活、组织和社会转变的基础？

### 超越可能性

世界比你想象中更有可塑性。这意味着,抓住新机遇——无论是个人健康、经济价值创造还是世界和平——的限制因素往往是你自己的心智模式。你自己的思想创造了你生活的围墙。你的思维受到可能性的限制。

其中一些限制是非常真实的。但是由于心智模式的性质,你经常看不见这些栅栏中的洞。一旦有人发现了这些洞,回过头来看,它们通常是显而易见的,但你需要进行创造性的思考,才能先发现它们。停下来想一想。如果你能培养朝新方向思考的能力,你就有可能改变你的生活和工作。只要你能看到它们,就会有很多转变的机会。要看到并抓住这些机会,你需要勇气和理解能力去得到那些不可能的想法,然后付诸行动。

附 录

# 心智模式背后的神经科学

\* \* \* \* \*

神经科学是一个庞大而复杂的学科，随着新发现的出现，它也在迅速变化。的确，据说我们在过去十年中对中枢神经系统如何工作的了解比以往任何时候都要多。这在很大程度上归功于科学技术的发展，这使得直接观测大脑和神经系统成为可能。我们不再只需要"思考什么是思考"。神经科学，甚至哲学现在都可以开始积淀扎实的实证基础。虽然科学发展日新月异，我们对大脑的细节理解也在不断发展，但我们在本书中的讨论集中在核心概念上，这些概念已经得到了巩固，而且在许多情况下，由于最近的科学进展，这些概念得到了加强。

任何关于这个话题的讨论都是令人沮丧的。我们对大脑了解得越多，就越意识到大脑最基本的方面仍然是一个谜。然而，我们今天需要在我们的企业、个人生活和社会中采取行动，因此我们没有足够的时间等待所有这些谜团被解开（假设这完全可以做到）。尽管我们的知识有局限性，但我们对神经科学的新理解确实为我们如何理解世界提供了一些见解，并为改变我们的思维和行为提供了基础。

我们已经通过许多不同学科的独特视角对心智模式进行了研究，我们试图利用这些不同的资源来形成我们对这一主题的更广泛的看法。从竞争战略到文化人类学，各个领域的作家都运用心智模式来理解他们的主题。就像盲人摸象的寓言故事（他们摸了大象的躯干、腿或尾巴，然后带着不同的看法离开）一样，每个学科都提供了独特的视角，而且通常都有相应的局限性。每个学科的成员用来讨论心智模式的语言通常是由他们用来理解世界的既定模式所塑造的。

虽然我们并没有试图在本书或本附录中明确地把所有这些不同点联系起来，但重要的是我们要认识这些基本概念，并让个别读者将这些思想与他们自己的语言和框架联系起来。本质上，尽管我们认识到可以将这些思想翻译成多种"语言",但我们并未尝试进行这些复杂且会令人产生困惑的翻译工作。

以下注释给本书的一些主要见解提供了更丰富的论点。

- 我们共同生活在不同的世界。
- 我们只使用了我们所见的一小部分。
- 现实是大脑和世界共同创造的故事。
- 心智模式。
- 笛卡尔剧院。
- 现实的现实。

我们也对一些具体的表述做了一些解释。

- 午夜漫步在漆黑的城市街道上。
- 与兔八哥握手（记忆的本质）。
- 忽视大猩猩（无意视盲）。
- 硬接线（先天与后天）。
- 以不同的角度看待事物。
- 放大和缩小视角以便从复杂的信息流中筛选出有意义的东西。
- 自我反思的世界（认识论的唯我论）。
- 直觉。
- 培养"放手"的习惯。

虽然以上所列并不详尽，但它们确实奠定了本书的一些基础，我们为希望更详细地探索这些思想的读者提供了一套参考资料。

## 核心概念

### 我们共同生活在不同的世界

我们都采用一样的基本方式理解事物，但是我们每个人都为这种共同的能力附加了个人因素。诺贝尔奖得主、生物化学家杰拉尔德·埃德尔曼（Gerald

Edelman）观察到，尽管每个人的大脑各不相同，但它们拥有"共同的经历、特征和神经模式"，尤其是在感觉体验方面。如果没有这些共同点，除了自己的世界之外，我们就无法理解其他世界。

然而埃德尔曼指出，虽然我们可能生活在同一个世界，但我们与这个世界中的物理对象的互动，也是由我们独特的经验和当前的关注点所塑造的。例如，当一辆消防车闪着灯光经过时，一个人会担心受害者和其财产，另一个人会担心交通延误，还有一个人会进行"普鲁斯特式的回忆"，想起他和曾是消防队长的祖父共度的夜晚。个人经验让我们使用略有不同的方式来理解事物。

温贝托·马图拉纳（Humberto Maturana）和弗朗西斯科·瓦雷拉（Francisco Varela）观察到，我们认为我们的经验是确定的、客观的和绝对的，但事实上我们的经验比我们通常认为的可塑性更强。

马图拉纳和瓦雷拉认为，认知不仅是观察世界的被动过程，而且是创造我们的经验世界的主动过程。

因此，人类使用了共同的神经学基础来理解世界，但是每个人的实现方式都很独特。因为心智模式具有塑造现实和交流的力量，所以它们巨大的危险性和可能性就显而易见了。

## 我们只使用了我们所见的一小部分

神经科学的研究揭示了这个故事的另一面，即我们明显忽略了我们通过感官所获得的很多东西。马图拉纳和瓦雷拉从他们对大脑神经系统的研究中发现，我们只使用了可用信息的一小部分，其余的信息则由我们的大脑创造。事实上，我们已经观察到，大脑无法区分感知和幻觉，因为两者有着相似的神经激活模式。

神经学家沃尔特·弗里曼发现，由感官刺激引起的神经活动在大脑皮层中消失了。这种刺激流进大脑，唤起内部模式，大脑以此来代表外部情况。大脑是通过大量的过程和活动来感知和处理外部现实的，而这些过程和活动的大部分我们都无法感知到。大脑基于它对世界的了解，填补了大量细节，从而创造了一个完整的画面或情境。

我们甚至可能无法意识到我们看到了什么。科学家观察到一种令人难以置信的罕见现象，叫作"盲视"，当有需要时，盲人可以伸手捡起物体。显然，进化过程中的旧视觉系统使盲人下意识就可以做一些实际的事情，如引导手的运动。然而盲人身上另一个进化的新系统受到了损害，这个新系统能够让其意识到自己看到了什么。这两种在不同的时间进化的视觉系统，为这种奇怪的能力提供了一种解释：人即使失明，也能伸手触摸一些东西。

澳大利亚心理学家佐尔坦·托里（Zoltan Torey）就是一个极端例子，他不需要任何视觉输入就能"看"。21岁时，托里在一次事故中失明了，他努力构建并维持着一个想象中的视觉世界，以此作为行动的基础。这个想象中的世界是如此完整，以致托里能够独自一人爬上梯子，替换掉他家屋顶上的排水沟——这一壮举让邻居们更加害怕，因为他是在漆黑的夜里完成的。

大脑显然无法区分眼睛看到的图像和它所填充的各种细节。我们都没有意识到那个眼球内视神经输入的明显盲点。大脑猜测那里应该有什么，于是填补了缺失的空白，让一切看起来都很完整。

## 现实是大脑和世界共同创造的故事

苏珊·布莱克莫尔（Susan Blackmore）认为，大脑和世界共同协作构建故事或"虚构现实"。现实是大脑和世界共同创造的故事。

大脑不会为外部场景建立细致的内部表示模型。例如，大脑有大约30个不同的进化了的区域来处理视觉信息。外部视觉信息被分解并传送到这30个区域，然后大脑以某种方式重新组合这30个区域的反应，形成对外面世界的感知。

有些人甚至认为，大脑把外部世界当作外部存储库，因为所有的细节都在那里。大脑内部不需要存储详细的信息，它可以从外部场景找到这些信息。在这种观点中，记忆不在大脑内部，现实也不在外部，它们的位置是相反的。

大脑内有外部场景的整体模式或背景，大脑可以利用已建立的对各种类别的理解，积极地探索细节。

## 心智模式

在本书中，我们使用"心智模式"这个短语作为所有复杂的神经元活动的简称，这些活动使我们能够理解某些事物，然后决定采取何种行动。人们对这个术语有些困惑，因为不同的群体会以不同的方式使用"心智模式"这个词，使其含义更为狭窄。有些人认为它是"心理表征"的同义词。其他人则在思维和推理理论的背景下狭义地定义它。另外一些人将其作为开发信息技术系统方法的一部分。

作为对真实的、假设的或想象的情况的心理表征，心智模式最初是由苏格兰心理学家肯尼思·克雷克（Kenneth Craik）提出的。他在1943年写道，大脑构建了现实的"小规模模型"，以预测事件、进行推理并将其作为解释的基础。麻省理工学院最近的研究将"心智模式"定义为根深蒂固的假设、概括，甚至是影响我们如何理解世界和采取行动的图片或图像。

加利福尼亚大学（圣地亚哥）大脑与认知中心主任维拉努尔·拉马钱德兰（Vilayanur S. Ramachandran）在BBC广播中发表评论说，我们的大脑是"模式制造机器"。他将这一过程比作虚拟现实模拟，并指出，我们不仅创建自己的思维模式，还创建他人的思维模式，这样我们就可以尝试预测他们的行为。

## 笛卡尔剧院

研究表明，大脑就像我们身体的其他部分一样，是进化的产物。它的一般结构和各种特征展示了进化过程的复杂性，这使我们对一些根深蒂固的信念（精神和身体的二元论和客观现实的存在）产生了疑问。

雷内·笛卡尔（Rene Descartes）提出了二元论的概念，即身心之间的基本哲学区别。他的二元论引出了客观的、外在的、现实的概念，以及一个我们如何感知和思考的模式，即所谓的"笛卡尔剧院"。这种观点认为，外部场景被真实地投射到大脑内部，就像电影被投射到大脑中一样，而大脑内部的某个智能物体——小矮人（拉丁语中"小男人"的意思）——会以一种客观的方式来看待它，如下图所示。

当然，这就引出了这样一个问题：我们体内的智能体是如何工作的？所以我们大脑内部有一个无限循环回归工作的小矮人。

笛卡尔剧院本身就是一个关于我们如何认识自己思维方式的强大心智模式。二元论的影响是深远的，包括我们对客观现实的感知，以及通过一个客观的观察者的角度来理解现实的能力。这是一个有争议的问题，引起了相当大的争论。

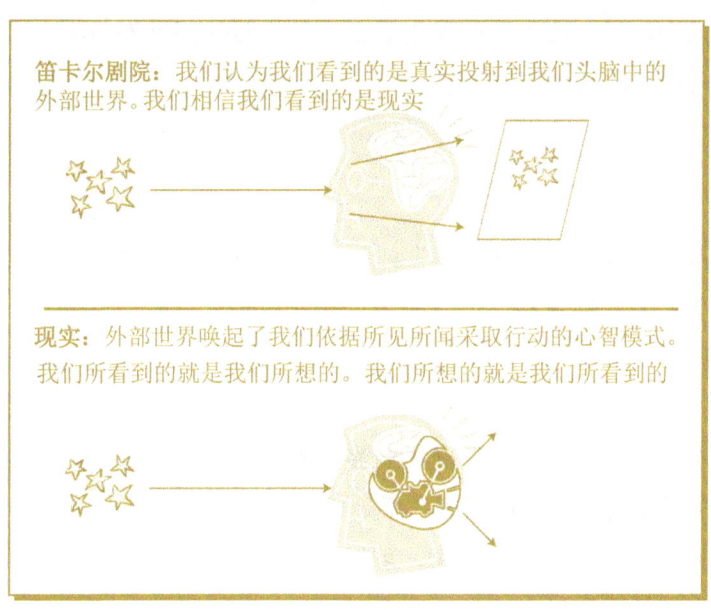

图　笛卡尔剧院的错觉

越来越多的研究证据表明，这个过程并不像笛卡尔模型所表明的那样简单。与直接投射不同的是，通过我们的眼睛和其他感官输入的图像和信息似乎会唤起神经模式。想象一下，一个人在剧院外面看到几颗星星，拿着一张草图冲到放映员那里，放映员在手边的胶卷中搜寻，发现了一些相关的东西，然后将这个胶卷的内容投射在我们的脑海里。正如图中所示，我们认为我们看到的是外部世界的现实,实际上我们看到的主要是自己创造的世界。

然而,即使是电影放映机这种类比也不能完全准确地反映出我们头脑中发生的事情。当然,脑子里没有放映机,因为这样又假设了大脑内部有一个"小矮人"在看电影。事实上在我们脑中的剧院里,没有人吃着爆米花看电影。实际发生的事情是,外部刺激唤起了过去的一系列丰富的经历,我们与星星有关的每一次经历——去天文馆的旅行、天文学和神话课、梵高的艺术,以及星空下的浪漫之夜——都为此增添了色彩。

埃德尔曼认为,大脑是一个选择系统,匹配的过程就发生在大脑内部千差万别的复杂组成部分中。他还指出,与外部世界的互动对于意识的发展和自我认同感是至关重要的。必须注意的是,来自外部世界的信号经过大脑处理后才能成为信息,而大脑会调用它自己以为是外部世界的版本。这就形成了模仿和采取行动的基础。

## 现实的现实

这并不意味着现实世界不存在,只是我们忽略了我们在其中看到的很多东西。如果就因此推断我们没有经历过任何现实,可能会造成真正的危险。史蒂文·平克(Steven Pinker)反对"社会建构主义",在那种情况下,我们"被动地从周围文化中'下载'文字、图像等",而在其中"科学家没有能力掌握客观现实"。他认为"人们确实能够接触到真实世界的事实"。

埃德尔曼认为,动物可以对它所处的环境产生真实事件的"心智图像"。然而,人类不受当前现实的约束,可以调用语义能力。因此,人类可以构建过去和未来的场景,以丰富当前的现实。

现实只是需要大量的解释。弗朗西斯·克里克(Francis Crick)指出:

你所看到的并未真实存在,而是你的大脑认为存在的……这看似是一个主动的构建过程。你的大脑会根据以前的经验以及眼睛提供的有限而模棱两可的信息来做出最佳解释。

关于我们是经历了"现实"还是遭受了某种"幻觉"的争论仍在继续。

在某种程度上，这是一场错误的辩论。很明显，我们的内部和外部经历在我们的大脑中被转换成复杂的神经模式，而这些模式并不是对事物的严格代表。怎么会这样？我们不能将世界带入我们的意识中，所以我们只能在头脑中抓住对外部世界的一些模糊反映，我们只能通过粗略的细节来构建我们的内在现实。大脑似乎记录了各种感觉信号，然后这些信号被转换，触发了一组丰富的基于过去经验存储着的模式。我们大脑中的这种复杂的神经活动构成了我们的现实。在大多数情况下，这是一个准确而有效的过程。但当我们的经验和存储模式不能有效地与当前环境相关联时，就会出现问题。

因此，对心智模式的讨论并不意味着我们脱离了现实。相反，我们有能力居住在一个真实的世界里，那里有生物、无生命物体和人。我们周围极其复杂的环境影响了我们大脑的进化，使之能够高效地处理这种复杂性。因此，我们看到一个场景，就能成功地理解它。我们只是需要认识到我们的局限性。

## 说明

### 午夜漫步在漆黑的城市街道上（开篇）

本书开篇讲述了一个人走在漆黑的城市街道上，听到身后的脚步声的故事。该故事说明了我们头脑中的模式和环境中模糊的信息之间的相互作用。午夜独自走在漆黑的城市街道上并不是实践冷静决策理论的理想条件，但这是除了试图理解来自眼睛和耳朵等明显的感觉输入之外，我们创建情绪性解释的另一示例。

我们听到身后的脚步声，会勾起许多思绪和回忆。安东尼奥·达马西奥（Antonio Damasio）讨论了他所谓的"躯体标记假说"，并指出大脑不是一块"白板"。相反，大脑内有一组情景，如过去在黑暗街道上发生的犯罪故事。然后，大脑根据你所处的情况生成了这组情景，并通过这种丰富的情景展示来"娱乐"和"激发"意识。

街道上的人必须快速判断接下来会发生什么以及如何做出反应（加快速度、奔跑、呼救等）。我们很难解释在故事中的条件下所做的决策。正如达马西奥所说的那样，面临决策的大脑会唤起并考虑许多情景，这些情景与采取不同的行动和这些行动可能产生的结果相关。除了这些情景，大脑还会生成相关的词句，从而形成"丰富多样的情景旁白"。这种实际的刺激、内心的想法和经历混合在一起，会引起整体的情绪反应和本能反应。

## 与兔八哥握手：记忆的本质（开篇）

我们当前的经历会激发根据过去经验形成的模式，因此记忆对于理解事物至关重要。然而，记忆的可塑性比我们大多数人认为的要强得多，正如主题公园的游客相信他们曾在迪士尼乐园与兔八哥握手这个例子所证明的那样。进行"兔八哥"研究的研究员伊丽莎白·洛夫特斯（Elizabeth Loftus）指出："记忆比许多人认为的还要容易出错。"

我们的记忆有一种以自我为中心的倾向，这意味着我们以一种自我强化的方式来记忆事物。如果记忆与自身相关，那么我们对它进行编码和回忆就会更有效。这非常强调个人经历或以自我为中心的事件，如与主题公园的人物握手。随着人们的成长和成熟，他们自身的稳定性会发生变化，他们对人生历程和自我的看法也将发生变化。一项关于政治态度的研究表明，人们会错误地把过去的态度与现在的态度联系起来。

虽然记忆会被扭曲，但大多数人认为记忆通常是可靠的。刑事审判的陪审团倾向于相信那些对自己所回忆的事件有把握的证人。然而，超过90%的错误判决是由目击者的错误记忆造成的。当记忆被扭曲时，它会导致我们对过去触发某些经历的因素反应过度。重要的是，我们往往会对我们记忆或回忆的东西产生明显的偏见。

我们也很难区分真实的记忆和幻觉。心理学研究表明，我们几乎不可能区分真实的记忆和想象的产物。正如埃德尔曼所指出的，记忆是非具象的，知觉可以改变回忆，反之亦然。我们的记忆没有固定的容量限制，记忆通过一个强有力、动态、联想和适应性的构建过程来生成信息。从本质上讲，记忆是大脑的一种系统属性，是创造性的，而不是严格意义上的重复性的。

我们没有必要对记忆的真实性失去信心，但这有助于我们理解记忆的特征，在严肃的情况下回忆事件时要格外小心。这还提醒我们好记性不如烂笔头，要同时记录事件，以备将来参考，尤其在很长一段时间后，记忆会很不靠谱。

## 忽视大猩猩：无意视盲（开篇）

在大猩猩实验中，研究对象观看录像，却没有看到大猩猩在互传篮球的运动员中走过，这是对"变化视盲"和"无意视盲"现象的系列测试之一。人们已经进行了各种尝试来解释发生了什么。但目前还没有被普遍接受的解释，只有一件事是明确的：与一些传统理论相反，我们的大脑并没有对所有事物进行一系列细致入微的描绘。

无视大猩猩很可能是大脑将一系列相当粗略的图像组合在一起，并填充细节的结果。人们已经注意到，大脑显然无法区分图像和它所填充的各种细节。在这个过程中，现实的很大一部分，如大猩猩，基本上会被覆盖掉。

注意力会扭曲我们的感知，所以当研究对象被要求数出穿白衬衫的球员传球的次数时，他们会倾向于忽略像大猩猩这样的深色物体。你感兴趣的事情会影响你的感知。即使你直视正在变化的事物，你也可能察觉不出来。感知也取决于主旨，主旨改变的事物更有可能被注意到。

## 硬接线：先天与后天（第 1 章）

大脑本身并不是"硬接线"的，尽管大脑确实具有遗传决定的结构。杰拉尔德·埃德尔曼指出，基因似乎决定了大脑的整体结构及其发育顺序。因此，人类的大脑结构都非常相似。然而，我们理解这个世界的方式，取决于基因、经验和其他因素。

埃德尔曼指出，大脑在不断进化，所以每个人的大脑都有自己独特的发展路径——即使是同卵双胞胎也是如此。

平克指出，教育有助于人类在知识领域发展直觉，这些知识对于人类来说可能太新了，还没有演化成本能。神经系统科学家让·皮埃尔·尚热（Jean Pierre Changeux）指出，教育并不仅仅是简单的数据收集，而是一个生成表征、假设和模式，并经过经验检验的复杂过程。

## 以不同的角度看待事物（第5章）

以不同的角度看待事物是由大脑愿意考虑"有趣的"事物所驱动的。反过来，我们认为有趣的事物受我们过去经验的影响。艺术鉴赏家关注的是"如何把他正在思考的作品与他记忆中的其他作品相比较"。有些人天生兴趣广泛，或他们在组织中的角色使其兴趣广泛。例如，IBM的研究人员正在寻找新的想法，这使他们更愿意探索开源软件的发展。

根据你过去的经验和知识来看待事物是不可避免的。人们很难找到一种方法来避免被"引导"以常规方式看待事物。一个关键的技巧就是避免匆忙做出判断，去寻找"有趣或新奇"的东西，即使它们的用处可能不会马上显现出来。

## 放大和缩小视角以便从复杂的信息流中筛选出有意义的东西（第6章）

这种方法背后的一些方法论和推理的基础是眼睛/大脑（实际上是大脑的所有部分）通过进化所形成的理解极其复杂的环境的方式。呈现在我们眼前的通常是极其复杂的情境。眼睛/大脑倾向于关注其中的一小部分来查看细节。情景的其余部分提供了"失焦"的背景。

眼睛中部中央凹的视锥细胞密度较高，看细节最清楚。人的目光会转向有趣的事情，而不会长时间地停留在某个事物上，它有一个变化的过程，这叫作"扫视"。在这个过程中，注意力转移，然后视线被引导。

有趣的是，如果眼睛/大脑在某件事情上停留太久，大脑就不再能理解它。

焦点过窄会导致视线凝结、目光呆滞，就像盯着单调的高速公路白线被催眠的司机一样。另外，过于宽泛的焦点会导致混乱。为了保持清醒，视线会不断地移动，在整个场景中移动，并随着时间的推移，建立起对背景的了解。然后，背景的建立使大脑能够通过填充缺失的细节来创建对整个场景的一致理解。

### 自我反思的世界：认识论的唯我论（第 9 章）

弗里曼认为，大脑经历了各种各样的感官输入，这些输入被转换成一个内部的、自我一致的世界，他称之为"认识论的唯我论"。弗里曼和平克都认为，人类的大脑主要是作为社会组织的器官进化而来的，它允许在自我之外进行更广泛的合作和分享。

瓦雷拉对这种自我意识进行了有趣的观察。他提出了"虚拟自我"或"无私的自我"的概念，这是我们内在的鲜活体验。

### 直觉（第 10 章）

直觉不同于我们的基本本能，本能不是后天习得的，但本能确实有助于我们发展直觉并塑造我们的行为。我们的天性是复杂的，它揭示了动物进化过程对我们心理的影响。例如，我们可以通过观察别人的眼睛来推断其意图——这是一种古老的动物本能，我们可以用它来对情况做出反应。我们利用脑干协调能力来应对四种活动：逃跑、战斗、进食和繁殖。

这些为我们提供了一种能力和倾向，让我们能够迅速理解并采取必要的大胆行动。

我们的直觉能力是在与自然世界的互动过程中进化而来的。在研究决策过程时，达马西奥和庞加莱（Poincare）指出，当我们解决问题时，我们会预先选择要考虑的选项，而不是试图研究每一个可能的选项。这种预先选择的过程，可以是有意识的，也可以是更隐蔽的，通常是基于直觉进行的，即使最终的选择可能是基于分析进行的。

虽然情绪往往不被视为"逻辑决策过程"基础的一部分（例如，我们总抱怨："你太情绪化了"），但越来越多的研究认识到情绪是重要的，有些人甚至认为情绪是不可或缺的，是我们决策过程的一部分。感觉和情绪是我们理解事物和做出决定的基本组成部分。情绪引发认知评价，从而产生感觉。就像认知的其他方面一样，感觉对构成一个物体或一个事件的意义的整个情景网络都有影响。

## 培养"放手"的习惯（第10章）

弗朗西斯科·瓦雷拉描述了获得个人体验的过程。他称这种方法融合了内省法、现象学和静观传统。他的研究采用了这些传统方法，并试图找出它们的共同点。他认为，要想变得更能意识到或更能觉知到我们的经验，需要三种心法：摒除杂念、反观内心和放下一切。

在接受采访时，布雷恩·阿瑟（Brian Arthur）还讨论了到达"更深层的意识区域"的过程，并指出要获得这种更深层次的知识，需要三个步骤：完全沉浸（观察，观察，再观察）、撤退和反思（让内部知识自然呈现），立即采取行动（依心之所愿提取新知识）。此过程与"放手"的做法一致。

### 尾注

1. Edelman, Gerald. *Universe of Consciousness: How Matter Becomes Imagination*. New York: Basic Books, 2000.

2. 同上。

3. Maturana, Humberto, and Francisco Varela. *The Tree of Knowledge: The Biological Roots of Human Understanding*. Boston: Shambhala, 1987.

4. Freeman, Walter J. *Societies of Brains: A Study in the Neuroscience of Love and Hate*. Hillsdale, NJ: Lawrence Erlbaum Associates, 1995.

5. 同上。

6. "Synapses and the Self." *Reith Lecture Series 2003*: *The Emerging Mind.* By Vilayanur S. Ramachandran. BBC Radio 4.9 April 2003.

7. Sacks, Oliver. "The Mind's Eye: What the Blind See." *The New Yorker.* 28 July 2003. p. 51.

8. Blackmore, Susan. *New Scientist Magazine*, 18 November 2000.

9. Clark, Andy. "Is Seeing All It Seems? Action, Reason and the Grand Illusion." *Journal of Consciousness Studies* 9: 5–6 (2002). pp. 181–202.

10. "Synapses and the Self." *Reith Lecture Series 2003*: *The Emerging Mind.* By Vilayanur S. Ramachandran. BBC Radio 4.9 April 2003.

11. Clark, Andy. "Is Seeing All It Seems? Action, Reason and the Grand Illusion." *Journal of Consciousness Studies.* 9: 5–6 (2002). pp. 181–202.

12. Johnson-Laird, Phil, and Ruth Byrne. *Mental Models.* May 2000. Senge, P. *The Fifth Discipline* & various articles; Psychology.org definitions. *Encyclopedia of Psychology.* 17 September 2003.

13. Craik, K. *The Nature of Explanation.* Cambridge: Cambridge University Press, 1943.

14. "Neuroscience: The New Philosophy." *Reith Lecture Series 2003*: *The Emerging Mind.* By Vilayanur S. Ramachandran. BBC Radio 4.30 April 2003.

15. Churchland, Patricia. *The Self: From Soul to Brain: A New York Academy of Sciences Conference.* New York City. 26–28 September 2002.

16. Dennett, Daniel. *Consciousness Explained.* Boston: Little, Brown and Co., 1991. Explains & rejects the Cartesian theater model of phenomenal consciousness.

17. Weinberg, Steven. "Sokal's Hoax." *The New York Review of Books.* 43: 13 (1996). pp. 11–15.

18.Edelman, Gerald.*Universe of Consciousness: How Matter Becomes Imagination*.New York: Basic Books, 2000.

19.Pinker, Steven.*The Blank Slate: The Modern Denial of Human Nature*.New York: Viking, 2002.

20.Crick, Francis.*The Astonishing Hypothesis: The Scientific Search for the Soul*.New York: Simon & Schuster, 1995.Reprinted with permission of Scribner, an imprint of Simon & Schuster Adult Publishing Group from *The Astonishing Hypothesis*by Francis Crick.Copyright©1994 by The Francis H. C. Crick and Odile Crick Revocable Trust.

21.Damasio, Antonio R.*Descartes' Error: Emotion, Reason and the Human Brain*. New York: G.P Putnam, 1994.

22.同上。

23.Loftus, Elizabeth. "Our Changeable Memories: Legal and Practical Implications." *Neuroscience* 4（2003）. pp. 231–234.

24.Schacter, Daniel L. *The Self: From Soul to Brain: A New York Academy of Sciences Conference*. New York City. 26–28 September 2002.

25.同上。

26.Loftus, Elizabeth. "Our Changeable Memories: Legal and Practical Implications." *Neuroscience* 4（2003）. pp. 231–234.

27.Loftus, Elizabeth. "Memory Faults and Fixes." *Issues in Science & Technology.*Summer 2002. pp. 41–50.

28.Clark, Andy. "Is Seeing All It Seems? Action, Reason and the Grand Illusion." *Journal of Consciousness Studies* 9: 5–6（2002）. pp. 181-202.

29.Edelman, Gerald. *Universe of Consciousness: How Matter Becomes Imagination*. New York: Basic Books, 2000.

30.Pinker, Steven. *The Blank Slate: The Modern Denial of Human Nature*. New York: Viking, 2002.

31. Changeux, Jean Pierre. *L'Homme de Verite.* Paris: Odile Jacob, 2002.

32. Gardner, Howard. "Mind and Brain: Only the Right Connections." *Project Zero.* July 2000.

33. Crick, Francis. *The Astonishing Hypothesis: The Scientific Search for the Soul.* New York: Simon & Schuster, 1995.

34. Freeman, Walter J. *Societies of Brains: A Study in the Neuroscience of Love and Hate.* Hillsdale, NJ: Lawrence Erlbaum Associates, 1995.

35. Varela, F., and J. Shear, eds. *The View from Within: First Person Approaches to the Study of Consciousness.* Exeter: Imprint Academic, 1999.

36. Churchland, Patricia. *The Self: From Soul to Brain: A New York Academy of Sciences Conference.* New York City. 26–28 September 2002.

37. Pinker, Steven. *The Blank Slate: The Modern Denial of Human Nature.* New York: Viking, 2002.

38. Damasio, Antonio R. *Descartes' Error: Emotion, Reason and the Human Brain.* New York: G.P Putnam, 1994.

39. 同上。p. 149.

40. 节选自 Brockman, John. *The Third Culture: Beyond the Scientific Revolution.* New York: Simon & Schuster, 1995. Francisco, Varela. Interview. "Three Gestures of Becoming Aware." *Dialogues on Leadership.* 12 January 2000. 这个访谈提供了一段关于瓦雷拉觉醒过程的有趣对话。

41. Arthur, W. Brian. Interview. "Three Gestures of Becoming Aware." *Dialogues on Leadership.* 16 April 1999. 与布雷恩·阿瑟（Brian Arthur）的对话是一个全球访谈项目的一部分，该项目邀请了25位知识和领导力方面的杰出思想家。该项目由麦肯锡公司（McKinsey & Company）和组织学习协会（前身为麻省理工学院组织学习中心）赞助。

## 精选书目

在神经科学、意识、心智和大脑以及神经哲学方面，有大量的书籍可供读者阅读，而且这些书籍的数量还在不断增加。下列书籍是相关主题出版物的典型示例。

1. Carter，Rita. *Mapping the Brain*.Berkeley：University of California Press，1998；*Exploring Consciousness*. Berkeley：University of California Press，2003.

卡特提供了与大脑结构和功能有关的发现的例证调查，并研究了意识研究领域中的各种观点和人物。

2. Crick，Francis. *The Astonishing Hypothesis*：*The Scientific Search for the Soul*.New York：Simon & Schuster，1995.

利用视觉神经生物学，克里克探索了意识和其他主题的基本问题。

3. Damasio，Antonio R. *Descartes' Error*：*Emotion，Reason and the Human Brain*. New York：G.P.Putnam，1994；*The Feeling of What Happens*：*Body and Emotion in the Making of Consciousness*. New York：Harcourt Brace，1999；*Looking for Spinoza*：*Joy，Sorrow and the Feeling Brain*. Orlando：Harcourt，2003.

在这些书中，达马西奥讨论了情感、理性和人类大脑，挑战了关于理性本质的传统观点，并讨论了身体和我们的情感在解释意识方面的作用。

4. Dennett，Daniel. *Consciousness Explained*.Boston：Little，Brown and Co.，1991；*Darwin's Dangerous Idea*：*Evolution and the Meanings of*

*Life*. New York: Simon & Schuster, 1995; *Freedom Evolves*. New York: Viking, 2003.

5. Edelman, Gerald. *Universe of Consciousness: How Matter Becomes Imagination*. New York: Basic Books, 2000.

埃德尔曼以他在不朽三部曲《神经达尔文主义》(*Neural Darwinism*)、《拓扑生物学》(*Topobiology*)和《被记住的当下》(*The Remembered Present*)中引入的激进思想为基础,首次提出了以经验为支持的全面意识理论。他和神经生物学家朱利奥·托诺尼(Giulio Tononi)展示了他们如何使用巧妙的技术来检测最细微的脑电流,识别与特定意识体验相关的特定脑电波。这项开创性工作的结果挑战了关于意识的传统观念。

6. Goleman, Daniel. *Emotional Intelligence: Why It Can Matter More Than IQ*. New York: Bantam, 1995.

戈尔曼认为,诸如自我意识、自律、毅力和同理心等人类能力在生活的很多方面比智商更重要,但我们无视这些能力的下降,这很危险。

7. Horgan, John. *The Undiscovered Mind: How the Human Brain Defies Replication, Medication, and Explanation*. New York: Free Press, 1999.

富有争议却受欢迎的《科学的终结》(*The End of Science*)一书的作者霍根,对当代科学家、心理学家、哲学家和医学研究人员的主张持怀疑态度,后者希望通过心智和脑科学来合理地解释人类的意识和行为。

8. LeDoux, Joseph. *The Emotional Brain: The Mysterious Understanding of Emotional Life*. New York: Simon & Schuster, 1996.

勒杜认为,我们不应该单独研究情绪或认知,而应该将两者都视为"大脑思维"的一部分来进行研究。

9. Maturana, Humberto, and Francisco Varela. *The Tree of Knowledge: The Biological Roots of Human Understanding*. Boston: Shambhala, 1987.

温贝托和瓦雷拉将科学,尤其是神经系统科学,应用于有关人类感知和理解的哲学问题。这些论证是有条理地建立起来的,从生命的起源开始,一直到人类语言的发展。

10. Pinker, Steven. *The Blank Slate: The Modern Denial of Human Nature*.New York: Viking, 2002.

平克讨论了人性、基因的作用,并对"白纸"观点提出了质疑。"白纸"观点认为,我们生来就是一张白纸,环境在上面写字。

11. Searle, John R. *The Rediscovery of the Mind*. Cambridge: MIT Press, 1992.

塞尔反驳了关于心智哲学的传统智慧,并认为缺乏对意识的考虑会削弱心理学、心智哲学和认知科学方面的研究的作用。

# 致谢

就像许多经历多年打磨的项目一样,我们要感谢无数人,是他们影响了我们对这一话题的思考和发言。首先要特别感谢沃顿商学院的许多成员,他们倾听了我们最初的想法并对这些想法做出了反馈,提供了真知灼见,同时还鼓励我们继续这项工作。感谢他们愿意参与讨论人们是如何理解事物的,感谢他们在探索自己的个人和组织变革挑战时展现出的好奇心和勇气。我们还获得了阿尔·韦斯特(Al West)和美国信怡泰投资公司(SEI)管理高级研究中心的支持,中心董事会成员提供了创造性见解。

在我们撰写本书的过程中,许多评论家富有洞察力的意见让我们获益匪浅,其中包括保罗·克莱因多尔弗(Paul Kleindorfer)、艾伦·考索斯基(J. Allen Kosowsky)、维贾伊·马哈詹(Vijay Mahajan)、尼克·普达尔(Nick Pudar)、凯瑟琳·莱维松(Kathleen Levinson)、鲍勃·华莱士(Bob Wallace)、李·温德(Lee Wind)、凯瑟琳·麦克德莫特(Catherine McDermott)和贾斯汀·刘易斯(Justine Lewis),他们提出的改进建议极大地提高了本书的质量。

感谢拉斯·霍尔(Russ Hall)的建议和编辑工作,他让我们的观点变得更易于理解;感谢蒂姆·穆尔(Tim Moore)的热情协助,他让本书从粗略的大纲变成了可出版书稿;感谢帕蒂·圭列里(Patti Guerrieri)促成了本书的出版。

我们还要感谢特里西娅·阿德尔曼（Tricia Adelman）提供的行政支持，这对这样一个大规模的项目至关重要。感谢迪克沙·希巴尔（Deeksha Hebbar）在研究方面提供的帮助。

最后，我们要感谢我们的妻子迪娜（Dina）和多萝西（Dorothy）及家人的支持，他们在许多夜晚和周末受到了我们的打扰，却还坚定地支持我们。

杰里·温德<br>
科林·克鲁克

# 沃顿商学院

"伟大的学校……努力做到的不仅仅是保持近年来相当高的水平;这些学校还努力满足不断发展、日益严格的世界的需求……"

——约瑟夫·沃顿(Joseph Wharton),企业家,沃顿商学院的创始人

沃顿商学院因其创新的领导能力和强劲的学术实力,在各个主要学科和商业教育领域中享誉全球。宾夕法尼亚大学有4个本科生学院和12个研究生学院及专业学院,沃顿商学院是其中之一。沃顿商学院成立于1881年,是美国第一所学院式商学院,致力于教学、研究、出版和服务方面的创新,为全球商业和管理实践创造了较高的价值、带来了较大的影响。

沃顿商学院的创新传统包括许多"第一"——第一本商业教科书、第一个研究中心、第一个医疗管理MBA——其还继续通过新项目、新学习方法和新举措进行创新。如今,沃顿商学院是一个由学生、教师和校友组成的相互联系的社区,他们正在影响全球商业教育、实践和政策。

沃顿商学院位于美国第五大城市费城宾夕法尼亚大学的中心。其学生和教师享有一些世界上技术较先进的学术设施。在宾夕法尼亚大学绿树成荫、占地269英亩的市区校园中,沃顿商学院的学生可以充分利用常春藤盟校的资源,包括图书馆、博物馆、画廊、体育设施和表演大厅。近年来,随着旧金山学术中心沃顿商学院西校区(Wharton West)的加入,以及与法国欧洲工商管理学院(INSEAD)联盟,沃顿商学院扩大了其管理教育的覆盖面,建立了一个全球网络。

# 宾夕法尼亚大学

## 学术项目

沃顿商学院继续在其领先的本科生、MBA、EMBA、博士和高管教育项目中引领教育创新。

获取有关沃顿商学院学术项目的更多信息，请访问沃顿商学院官网。

## 高管教育

沃顿商学院的高管教育课程致力于为高管提供具备竞争工具和技能的课程，以应对当今企业环境中固有的挑战。沃顿商学院提供超过200门课程（包括公开招生和定制课程）以及世界一流的师资队伍和首屈一指的教育设施，沃顿商学院每年为全球近1万名高管提供先进的解决方案。

## 研究与分析

沃顿知识在线（*Knowledge@Wharton*）是一种独特的免费资源，可提供最优的商业知识——最新的趋势，对广泛商业问题的最新研究，沃顿商学院教授的独到见解，研究、论文和对数百个主题和行业的分析。

沃顿知识在线拥有来自超过189个国家的40多万名用户。

在沃顿商学院官网可以获取有关许可和内容的信息，请联系杰米·哈蒙德（Jamie Hammond）营销副总监，他的邮箱是 hammondj@wharton.upenn.edu。

## 普伦蒂斯·霍尔

普伦蒂斯·霍尔是全球出版业的一个创新性新参与者，致力于为有思想的商业读者提供实用知识和可行想法，这些实用知识和可行想法将为读者的职业生涯带来影响和价值。所有书籍均由沃顿商学院高级评审委员会批准出版，以确保这些书籍符合实际，具有及时性和重要性，并且是有经验基础的，从概念上讲是可行的。

获取有关作者的信息或有关公司教育的信息，请联系芭芭拉·吉德（Barbara Gydé）总经理，他的邮箱是gydeb@wharton.upenn.edu。